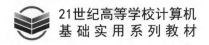

21世纪高等学校计算机
基础实用系列教材

程序设计基础（C语言）
学习辅导 第3版

巫喜红 钟秀玉 主编
陈世基 肖振球 房宜汕 冯斯苑 蓝红苑 副主编

清华大学出版社
北京

内 容 简 介

本书是《程序设计基础(C语言)》(第3版·微课视频·题库版)的配套辅助用书,各部分内容都与该书内容相呼应。全书由C语言程序上机指导、实验内容及参考程序、教材习题和补充练习题及参考答案、考试模拟题及参考答案四大部分组成。第一部分介绍C语言实验的Visual C++ 6.0、Dev-C++、Visual Studio开发环境和基本使用方法;第二部分是各章的验证性实验内容、综合性实验内容安排及验证性实验参考程序,共介绍11个验证性实验和3个综合性实验;第三部分是与主教材各章配套的习题参考答案和补充练习题及参考答案,习题题型丰富、覆盖面广,包括选择题、填空题、完善程序题、阅读程序写运行结果题、程序设计题;第四部分是考试模拟题及参考答案。

本书条理清楚、语言流畅、习题丰富、通俗易懂、实用性强,可作为高等学校计算机专业或相关专业的教材,也可以作为计算机爱好者的自学参考书。

本书封面贴有清华大学出版社防伪标签,无标签者不得销售。
版权所有,侵权必究。举报: 010-62782989, beiqinquan@tup.tsinghua.edu.cn。

图书在版编目(CIP)数据

程序设计基础(C语言)学习辅导/巫喜红,钟秀玉主编. —3版. —北京:清华大学出版社,2022.9
21世纪高等学校计算机基础实用系列教材
ISBN 978-7-302-61114-1

Ⅰ. ①程… Ⅱ. ①巫… ②钟… Ⅲ. ①C语言-程序设计-高等学校-教学参考资料 Ⅳ. ①TP312.8

中国版本图书馆CIP数据核字(2022)第111966号

责任编辑:黄 芝 李 燕
封面设计:刘 键
责任校对:胡伟民
责任印制:刘海龙

出版发行:清华大学出版社
网　　址: http://www.tup.com.cn, http://www.wqbook.com
地　　址: 北京清华大学学研大厦A座　　　邮　编: 100084
社 总 机: 010-83470000　　　邮　购: 010-62786544
投稿与读者服务: 010-62776969, c-service@tup.tsinghua.edu.cn
质量反馈: 010-62772015, zhiliang@tup.tsinghua.edu.cn
课件下载: http://www.tup.com.cn,010-83470236

印 装 者:三河市东方印刷有限公司
经　　销:全国新华书店
开　　本:185mm×260mm　　印　张:19　　字　数:475千字
版　　次:2014年5月第1版　2022年9月第3版　印　次:2022年9月第1次印刷
印　　数:1~1500
定　　价:59.80元

产品编号:096518-01

前 言

本书由C语言程序上机指导、实验内容及参考程序、教材习题和补充练习题及参考答案、考试模拟题及参考答案四大部分组成。第一部分是C语言上机指导，主要介绍C语言实验的Visual C++ 6.0、Dev-C++、Visual Studio开发环境和基本使用方法，由巫喜红老师编写；第二部分是实验内容及参考程序；第三部分是教材习题和补充练习题及参考答案，第二部分和第三部分由编写组共同编写；第四部分是考试模拟题及参考答案，由巫喜红老师编写。各部分的内容与《程序设计基础（C语言）》(第3版·微课视频·题库版)一书的内容相呼应。

本书的出版得到了2013年教育部地方所属高校"本科教学工程"大学生校外实践教育基地建设项目"嘉应学院-梅州市职业技术学校教育学实践教育基地"(教高司函〔2013〕48号)、2015年广东省本科高校教学质量与教学改革工程立项建设项目精品教材"程序设计基础(C语言)"(粤教高函〔2015〕133号)、2016年广东省高校教学质量与教学改革工程项目"精品资源共享课'数据结构'"(粤教高函〔2016〕233号)、2020年广东省高等学校教学质量与教学改革工程本科类项目重点专业"软件工程"(粤教高函〔2020〕19号)、2020年度嘉应学院质量工程建设项目在线开放课程"程序设计基础"(嘉院教〔2020〕19号)的支持，在此表示衷心的感谢。

本书是在第2版的基础上加以修订、更新、增加内容，修订了第2版部分内容，更新了部分练习题，增加介绍了Visual Studio开发环境、使用方法及验证性实验的参考程序。

此外，在2015年校级优秀教材评选活动中，本书第1版的配套主教材《程序设计基础(C语言)》荣获嘉应学院优秀教材一等奖；使用本书第2版作为配套教材的"程序设计基础"课程已被超星集团收录为"示范教学包"。

由于编者水平有限，书中难免存在谬误之处，敬请读者指正。为方便教师的教学工作和读者的学习，本书有配套的实验和习题的源程序代码，需要者可登录清华大学出版社官方网站获取。

编 者
2022年3月

目　录

第一部分　C语言程序上机指导

第1章　使用 Visual C++、Dev-C++ 和 Visual Studio 运行程序 …… 3
1.1　Visual C++ 6.0 的安装和启动 …… 3
1.2　使用 Visual C++ 6.0 建立和运行单文件 …… 6
  1.2.1　输入和编辑源程序 …… 6
  1.2.2　保存和关闭源程序 …… 7
  1.2.3　打开一个已有源程序 …… 8
  1.2.4　程序的编译 …… 8
  1.2.5　程序的调试 …… 10
  1.2.6　程序的连接 …… 11
  1.2.7　程序的运行 …… 13
1.3　使用 Visual C++ 6.0 建立和运行多文件 …… 13
  1.3.1　建立和运行包含多个文件的程序的方法 …… 13
  1.3.2　用 #include 包含多个文件的方法 …… 14
  1.3.3　由用户建立项目工作区和工程文件 …… 15
  1.3.4　用户只建立工程文件而不建立项目工作区 …… 20
1.4　Dev-C++ 的下载、安装、启动与使用 …… 22
1.5　使用 Dev-C++ 建立和运行文件 …… 25
1.6　Microsoft Visual Studio 的下载、安装 …… 26
1.7　使用 Visual Studio 创建项目和运行文件 …… 27

第2章　程序的调试与测试 …… 32
2.1　程序的调试 …… 32
2.2　程序错误的类型 …… 37
2.3　程序的测试 …… 39

第3章　上机实验的目的和要求 …… 42
3.1　上机实验的目的 …… 42
3.2　上机实验前的准备工作 …… 43
3.3　上机实验的步骤 …… 43

3.4 实验报告 ·· 44

第二部分 实验内容及参考程序

第 4 章 验证性实验 ·· 47

  实验 1 C 语言程序的运行环境和运行方法 ··· 47
  实验 2 数据类型、运算符和表达式 ··· 48
  实验 3 顺序结构程序设计 ·· 51
  实验 4 选择结构程序设计 ·· 52
  实验 5 循环结构程序设计 ·· 53
  实验 6 数组 ·· 54
  实验 7 函数 ·· 54
  实验 8 指针 ·· 55
  实验 9 结构体、共用体和枚举类型 ··· 56
  实验 10 位运算 ·· 57
  实验 11 文件 ··· 57

第 5 章 验证性实验参考程序 ··· 59

  实验 1 参考程序 ··· 59
  实验 2 参考程序 ··· 59
  实验 3 参考程序 ··· 64
  实验 4 参考程序 ··· 65
  实验 5 参考程序 ··· 70
  实验 6 参考程序 ··· 77
  实验 7 参考程序 ··· 79
  实验 8 参考程序 ··· 89
  实验 9 参考程序 ··· 93
  实验 10 参考程序 ··· 102
  实验 11 参考程序 ··· 104

第 6 章 综合性实验 ·· 113

  综合实验 1 学生成绩管理 ·· 113
  综合实验 2 通讯录管理 ··· 117
  综合实验 3 职工工资管理 ·· 121

第三部分 教材习题和补充练习题及参考答案

第 7 章 教材习题参考答案 ·· 127

  习题 1 概述 ·· 127

习题 2　算法与程序 ·· 129
习题 3　基本数据类型与表达式 ·································· 133
习题 4　顺序结构程序设计 ··· 134
习题 5　选择结构程序设计 ··· 138
习题 6　循环结构程序设计 ··· 141
习题 7　数组 ·· 144
习题 8　函数 ·· 151
习题 9　指针 ·· 160
习题 10　结构体、共用体和枚举类型 ·························· 169
习题 11　位运算 ··· 191
习题 12　文件 ·· 194

第 8 章　补充练习题 ·· 204

练习题 1　概述 ·· 204
练习题 2　算法与程序 ··· 204
练习题 3　基本数据类型与表达式 ······························· 205
练习题 4　顺序结构程序设计 ······································ 207
练习题 5　选择结构程序设计 ······································ 208
练习题 6　循环结构程序设计 ······································ 213
练习题 7　数组 ·· 219
练习题 8　函数 ·· 220
练习题 9　指针 ·· 222
练习题 10　结构体、共用体和枚举类型 ······················· 225
练习题 11　位运算 ·· 227
练习题 12　文件 ··· 229

第 9 章　补充练习题参考答案 ····································· 232

练习题 1　参考答案 ·· 232
练习题 2　参考答案 ·· 233
练习题 3　参考答案 ·· 233
练习题 4　参考答案 ·· 233
练习题 5　参考答案 ·· 238
练习题 6　参考答案 ·· 239
练习题 7　参考答案 ·· 241
练习题 8　参考答案 ·· 247
练习题 9　参考答案 ·· 249
练习题 10　参考答案 ·· 253
练习题 11　参考答案 ·· 263
练习题 12　参考答案 ·· 265

第四部分　考试模拟题及参考答案

第 10 章　考试模拟题 1 及参考答案 ·· 275

　　考试模拟题 1 ·· 275

　　考试模拟题 1 参考答案 ··· 281

第 11 章　考试模拟题 2 及参考答案 ·· 284

　　考试模拟题 2 ·· 284

　　考试模拟题 2 参考答案 ··· 291

参考文献 ··· 294

第一部分　C 语言程序上机指导

用 C 语言编写的源程序(后文均简称 C 程序)必须经过编译、连接,得到可执行的二进制文件,之后运行这个可执行文件,最后得到结果。

C 编译系统不属于 C 语言的一部分,它是由计算机软件开发商开发并销售给用户使用的。不同的软件厂商开发出了不同版本的 C 编译系统,功能大同小异,都可以用来对多用户的源程序进行编译、连接与运行。近年来推出的 C 编译系统大都是集成开发集成环境(Integrated Development Environments,IDE)的,把程序的编辑、编译(含预编译处理)、连接、调试和运行等操作全部集中在一个界面上进行,功能丰富,使用方便。

C 语言的编译器和开发工具也多种多样,其开发工具包括编译器 Turbo C 2.0、Win-TC、Visual C++、Dev-C++、Visual Studio 等。

20 世纪 90 年代,Turbo C 2.0 使用比较普遍,Turbo C 2.0 也是一个 C 语言程序集成环境,是用菜单进行操作的,由于不能使用鼠标操作,用户感到不方便,因此近年来使用 Turbo C 2.0 的用户不多。许多用户用 Visual C++、Dev-C++ 或 Visual Studio 集成环境,既可以在 Windows 环境下方便地使用鼠标进行操作,又便于以后向 C++ 过渡。

在教学中,一般程序的规模不大,功能相对简单,调试过程不会太复杂,对集成环境的功能要求不是很高。因此在本书中着重介绍 Microsoft 公司推出的 Windows 环境下使用的 Visual C++ 6.0、Dev-C++ 和 Visual Studio。读者在学习 C 程序设计时也可以不用 Visual C++ 6.0,而是选用任意一种 C 语言编译系统。

第1章 使用 Visual C++、Dev-C++ 和 Visual Studio 运行程序

C语言程序可以在 Visual C++ 集成环境中进行编译、连接和运行。现在常用的是把英文版的 Visual C++ 6.0 版本进行汉化。为方便读者使用,本书重点以 Visual C++ 6.0 中文版为背景介绍 Visual C++ 6.0 的上机操作。其实,Visual C++ 6.0 不同版本的上机操作方法是大同小异的,掌握了其中的一种,举一反三,就可以顺利地使用其他版本。另外,为了让读者了解常用的 Dev-C++ 和 Visual Studio,在本书中会简述其安装方法与应用。

1.1 Visual C++ 6.0 的安装和启动

Visual C++ 6.0,简称 VC 或者 VC 6.0,是 Microsoft 公司推出的一款 C++ 编译器,将"高级语言"翻译为"机器语言(低级语言)"的程序。Visual C++ 是一个功能强大的可视化软件开发工具。自 1993 年 Microsoft 公司推出 Visual C++ 1.0 后,随着其新版本的不断问世,Visual C++ 已成为专业程序员进行软件开发的首选工具。虽然 Microsoft 公司推出了 Visual C++ .NET(Visual C++ 7.0),但它的应用有很大的局限性,只适用于 Windows 2000、Windows XP 和 Windows NT4.0。所以实际中,更多的是以 Visual C++ 6.0 为平台。

Visual C++ 6.0 是 Visual Studio 6.0 的一部分,找到 Visual Studio 6.0 的安装程序,双击其中的 SETUP.exe(图标为 SETUP),按照屏幕上的安装向导提示进行安装即可。

安装结束后,若计算机的操作系统为 Windows XP,在 Windows XP 的"开始"菜单的"程序"子菜单中就会出现 Microsoft Visual Studio 6.0 子菜单,单击其下的子菜单 Microsoft Visual C++ 6.0(图标为 Microsoft Visual C++ 6.0)便可运行 Visual C++ 6.0;若计算机的操作系统为 Windows 7 及以上,在 Windows 7 及以上的"开始"菜单的"所有程序"子菜单中会出现 Microsoft Visual Studio 6.0 子菜单。为了便于使用,常在计算机的桌面上创建 Visual C++ 6.0 程序的快捷方式,或者把 Visual C++ 6.0 程序放在快速启动栏中。为方便描述,后文中把 Visual C++ 6.0 简称为 VC 6.0。

双击桌面上的快捷方式运行 VC 6.0 后,出现主窗口界面,如图 1.1 所示。

在 VC 6.0 界面中,包含有以下菜单或工具。

(1) 主菜单栏:包含 9 个菜单项,分别为文件、编辑、查看、插入、工程、编译、工具、窗口和帮助。

(2) 标准工具栏:用于帮助用户维护和编辑工作区的文本和文件,可拖放到其他位置,其界面如图 1.2 所示。

标准工具栏各按钮所对应的菜单项及其功能如表 1.1 所示。

图 1.1 VC 6.0 主窗口界面

图 1.2 标准工具栏界面

表 1.1 标准工具栏对应的菜单项及其功能表

名 称	对应菜单栏	功 能
New	"文件"→"新建"	创建一个新的文件、项目、工作区
Open	"文件"→"打开"	打开一个已存在的文件、项目、工作区
Save	"文件"→"保存"	保存当前打开的文件
Save All	"文件"→"全部保存"	保存所有打开的文件
Cut	"编辑"→"剪切"	剪切选中的内容
Copy	"编辑"→"复制"	复制选中的内容
Paste	"编辑"→"粘贴"	粘贴选中的内容
Undo	"编辑"→"撤销"	取消上一次操作
Redo	"编辑"→"重复"	恢复取消的操作
Workspace	"查看"→"工作区"	激活项目工作区窗口,用来管理工程中的文件和资源
Output	"查看"→"输出"	激活输出窗口,用来显示执行编译、调试和查找的信息
WindowList	"窗口"→"窗口资源"	管理当前打开的窗口
Find in Files	"编辑"→"查找文件"	在多个文件中查找指定的字符串
Find	"编辑"→"查找"	查找指定的字符串
HelpSystemSearch	"帮助"→"搜索"	利用在线查询获得帮助信息

(3) 编译微型条：用于运行程序和调试程序，可拖放到其他位置，其界面如图 1.3 所示。

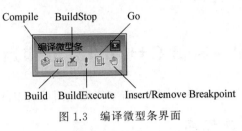

图 1.3　编译微型条界面

编译微型条工具栏对应的菜单项及其功能如表 1.2 所示。

表 1.2　编译微型条工具栏对应的菜单项及其功能表

名　　称	对应菜单栏	功　　能
Compile	"编译"→"编译"	编译当前源代码编辑窗口中打开的文件
Build	"编译"→"构建"	生成一个可执行文件，编辑一个项目
BuildStop	"编译"→"停止构建"	终止编译/连接程序，当处于编译过程中时，此菜单才出现；编译结束后，此菜单消失
BuildExecute	"编译"→"执行"	执行程序
Go	"编译"→"开始调试"→"去"	开始或继续调试程序
Insert/Remove Breakpoint	"编辑"→"断点"	编辑程序中的断点

(4) 项目工作区窗口：显示所设定的工作区的信息。

(5) 程序编辑区窗口：用来输入和编辑源程序。

(6) 输出窗口：位于 VC 6.0 的下部分，在执行编译、连接和调试等操作时将显示相关的信息，其界面如图 1.4 所示。在输出窗口中，数据根据不同的操作显示在不同的选项卡中。各选项卡的功能如表 1.3 所示。

图 1.4　输出窗口

表 1.3　输出窗口区中各选项卡的功能

选　项　卡	功　　能
编译	显示编译和连接结果
调试	显示调试信息
查找文件 1、查找文件 2	显示从多个文件中查找字符串的结果
结果	显示结果
SQL Debugging	显示 SQL 调试信息

用户在进行编译、调试、查找等操作时，输出窗口会根据操作自动选择相应的选项卡进

行显示,如果用户在编译过程中出现错误,只要双击错误信息,代码编辑器就会跳转到相应的错误代码处。

1.2 使用 Visual C++ 6.0 建立和运行单文件

C语言程序可以由单个或多个文件组成,本节先介绍最简单的情况,即单文件程序。

1.2.1 输入和编辑源程序

新建一个C语言程序的步骤如下。

(1) 在 VC 6.0 主窗口的主菜单栏中选择"文件",然后再在其下拉子菜单中选择"新建"选项,如图 1.5 所示。

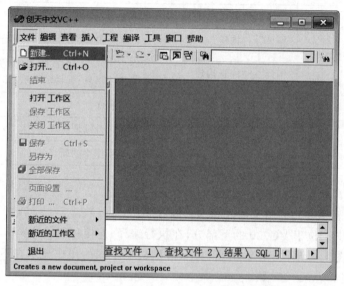

图 1.5 "文件"菜单中的"新建"选项界面

(2) 屏幕上出现一个"新建"对话框,选择此对话框的左上角的"文件"选项卡,其中C++ Source File 选项,表示这项功能是建立新的C++源程序文件。由于 VC 6.0 既可以用于处理 C++ 程序,也可以用于处理 C 程序,因此,选择 C++ Source File 选项。在对话框右下半部分的"C目录"文本框中输入或单击文本框右边按钮选定准备编辑的源程序文件的存储路径(假设是 E:\PROGRAM),表示准备编辑的源程序文件将存放在 E:\PROGRAM 子目录下。在对话框右半部分的"文件"文本框中输入准备编辑的源程序文件的名字(现输入 hello.c),表示要建立的是C语言程序。结果将输入和编辑的源程序就以 hello.c 为文件名存放在 E 盘的 PROGRAM 目录下,如图 1.6 所示(读者可指定其他路径名和文件名)。

说明:若建立C语言程序,要指定文件的扩展名为.c;若输入的文件名为 hello.cpp,则表示要建立的是C++源程序。如果不写扩展名,直接写文件名,如 hello,系统会默认指定为C++源程序文件,自动加上扩展名.cpp。

在单击"确定"按钮后,回到主窗口,在窗口的标题栏中显示出文件名 hello.c。可以看到光标在程序编辑窗口闪烁,表示程序窗口已激活,可以输入和编辑源程序。现输入几行语

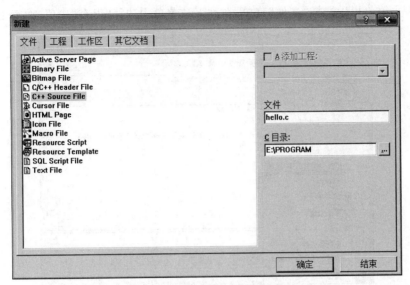

图 1.6 新建 C 程序界面

句,如图 1.7 所示。在输入的过程中可故意制造些错误,如果用户能及时发现错误,可以利用全屏编辑方法进行修改编辑。在图 1.7 最下方的状态栏中显示了"Ln6,Col 2",表示光标当前的位置在第 6 行第 2 列,当光标位置改变时,显示的数字也随之改变。在对程序进行编辑时,这些数字的显示对编辑有很大的帮助。

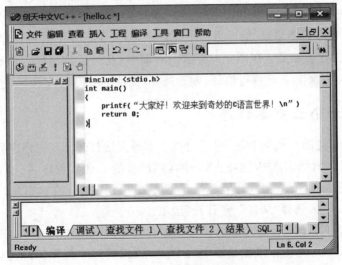

图 1.7 输入和编辑源程序界面

1.2.2 保存和关闭源程序

1. 保存源程序

编辑好源程序后,需要保存以便以后修改,或者需要保存到另一个目录中或保存为另一个文件名,方法有以下 3 种。

(1) 在主菜单栏中选择"文件"菜单,在其下拉菜单中选择"保存"选项,如图 1.8 所示。

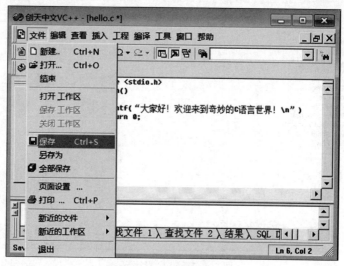

图 1.8 保存源程序界面

(2) 按 Ctrl+S 组合键保存文件。
(3) 单击标准工具栏中的 Save 按钮。

如果不想将源程序存放在原先指定的目录中,而是保存到其他目录中,需要选择"文件"→"另存为"选项,并在弹出的"另存为"对话框中指定文件路径和文件名。

2. 关闭源程序

完成一个源程序后要编辑、编译另一个源程序,需要关闭原来的源程序或工作区(不是关闭 VC 6.0)。操作方法是:在图 1.8 所示的界面中(此时还没编译),单击右上角第二个"关闭"按钮(图标为 X);若已进行编译,则要选择"文件"→"关闭 工作区"选项。

1.2.3 打开一个已有源程序

要修改已保存过的 C 语言程序,可通过以下 5 种方法打开已有源程序后进行修改。

(1) 在保存路径(如 E:\PROGRAM)中找到已有的 C 语言程序名(如 hello.c),双击此文件名,则自动进入 VC 6.0 集成环境并打开了该文件,程序显示在编辑窗口中。

(2) 打开 VC 6.0,选择"文件"→"打开"选项。

(3) 打开 VC 6.0,按 Ctrl+O 组合键,打开"打开"对话框,从中选择需要的文件。

(4) 打开 VC 6.0,单击标准工具栏中的 Open 按钮,打开"打开"对话框,从中选择所需要的文件。

(5) 打开 VC 6.0,把所要打开的 C 语言程序(如 hello.c)拖放到程序编辑区窗口。

说明:源程序经过修改后需要保存,保存方法见前面相关内容所述。

1.2.4 程序的编译

在编辑和保存了源文件(如 hello.c)以后,若需要对该源文件进行编译,方法有以下 3 种:

(1) 选择主菜单栏中的"编译"菜单,在其下拉菜单中选择"编译 hello.c"选项,如图 1.9 所示。

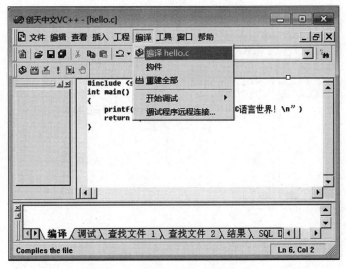

图 1.9 编译源程序菜单界面

说明：由于建立(或保存)文件已指定了源文件的名字 hello.c,因此在"编译"选项中自动显示了当前要编译的文件名 hello.c。

(2) 按 Ctrl+F7 组合键。

(3) 单击编译微型条中的 Compile 按钮。

使用以上方法之一选择编译命令后,屏幕上出现一个对话框,如图 1.10 所示,弹窗中英文提示的意思是：此编译命令要求有一个有效的项目工作区,您是否同意由系统建立默认的项目工作区。单击"是"按钮,表示同意由系统建立默认的项目工作区,然后开始编译。

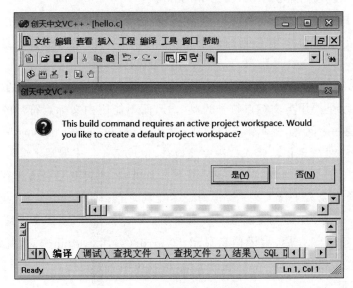

图 1.10 要求创建工作区的提示

在进行编译时,编译系统检查源程序中有无语法错误,然后在主窗口下部的输出窗口输出编译的信息,如果有错,则在输出窗口中指出错误或警告的总数量,如图 1.11 所示。

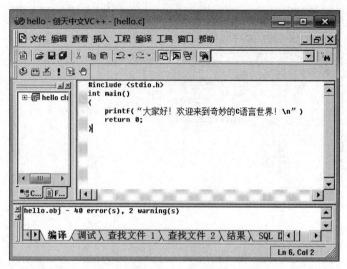

图 1.11 输出窗口中的编译信息界面

1.2.5 程序的调试

程序调试的任务是发现和改正程序中的错误,使程序能正常运行。编译系统能检查出程序中的语法错误,语法错误分为两类:一类是致命错误,以 error 表示,如果程序中有这类错误,就无法通过编译,无法形成目标文件,更谈不上运行;另外一类是轻微错误,以 warning(警告)表示,这类错误不影响生成目标程序和可执行程序,但可能影响运行的结果,因此也应该改正,使程序既无 error,又无 warning。

在图 1.11 中的输出窗口中可以看到编译的信息,指出源程序有 40 errors 和 2 warnings。单击输出窗口中右侧的向上箭头,可以看到出错的位置和性质,如图 1.12 所示。

双击出错行,系统会自动定位到相应行,让设计者检查纠正。在此出错的原因是 printf() 函数中的信息提示是要用英文标点符号的双引号,而不能用中文标点符号的双引号。纠正后再编译,还发现一个问题,提示第 5 行出错,提示:syntax error: missing ';' before 'return',意思是:在' return'处发现语法错误。程序经检查,发现第 4 行末漏写了分号。

说明:第 4 行有错,但系统报错时说成是第 5 行有错,原因是 C 语言允许将一个语句分写成几行,因此检查完第 4 行末尾无分号时还不能判定该语句有错,必须再检查一行,直到发现第 5 行的' return 0;',才判定出错。所以在分析编译报错时,应检查出错点的上下行。

经过不断地重新编译后,编译信息显示:0 error(s),0 warning(s),既没有致命错误(error),也没有轻微错误(warning),编译成功,这时在输出窗口中产生一个目标程序 hello.obj,如图 1.13 所示。

图 1.12　出错信息界面

图 1.13　生成目标程序

1.2.6　程序的连接

在得到目标程序后，可以对程序进行连接，方法有以下三种。

（1）选择主菜单栏中的"编译"菜单，在其下拉菜单中选择"构建 hello.exe"选项。

说明：由于前面已生成了 hello.obj，编译系统根据此确定连接后生成一个名为 hello.exe 的可执行文件，在菜单中显示了此文件名。

（2）使用 F7 快捷键。

（3）单击编译微型条中的 Build 按钮。

使用以上方法之一完成连接后，在输出窗口中显示连接时的信息，说明没有发现错误，

使用 Visual C++、Dev-C++ 和 Visual Studio 运行程序

生成一个可执行文件 hello.exe,如图 1.14 所示。

图 1.14 生成可执行文件程序界面

说明:

(1) 对于初学者来说,提倡分步进行程序的编译和连接,因为程序出错的机会比较多。对于有经验的程序员来说,在对程序比较有把握时,可以一步完成编译和连接。

(2) 至此,在 E:\PROGRAM 目录中产生了多个不同类型的文件和一个 Debug 文件夹,如图 1.15 所示,其中,Debug 文件夹存放的是目标文件,如项目临时文件和连接好的程序,双击 Debug 文件夹里的 hello 应用程序,可直接运行查看结果,也可运行命令提示符查看运行结果。VC 6.0 中部分文件扩展名的含义如表 1.4 所示。

图 1.15 E:\PROGRAM 目录中的文件

表 1.4 VC 6.0 中部分文件扩展名及其含义

扩展名	含 义
.dsw	本类型的文件在 VC 6.0 中是级别最高的,称为工作区文件。在 VC 6.0 中,应用程序是以工程的形式存在的,工程文件以.dsp 为扩展名在工作区文件中可以包含多个工程,由工作区文件对它们进行统一的协调和管理
.dsp	工程文件的扩展名,这个文件中存放的是一个特定的工程,也就是特定的应用程序的有关信息,每个工程都对应有一个.dsp 类型的文件
.opt	它是与.dsw 类型的工作区文件相配合的一个重要的文件类型,包含的是在工作区文件中要用到的本地计算机的有关配置信息,所以这个文件不能在不同的计算机上共享,当打开一个工作区文件时,如果系统找不到需要的.opt 类型文件,就会自动地创建一个与之配合的包含本地计算机信息的.opt 文件
.ncb	无编译浏览文件。当自动完成功能出问题时可以删除此文件。编译后会自动生成
.html	放置编译时的信息。可以删除此文件

1.2.7 程序的运行

在得到可执行文件 hello.exe 后,就可以直接执行 hello.exe。方法有以下 3 种。
(1) 选择主菜单栏中的"编译"菜单,在其下拉菜单中选择"执行 hello.exe"选项。
(2) 使用 Ctrl +F5 组合键。
(3) 单击编译微型条中的 BuildExecute 按钮。
程序执行后,屏幕切换到结果的窗口,显示出运行结果,如图 1.16 所示。

图 1.16　程序的运行结果

其中:
(1) 在输出结果的窗口中的标题栏显示的是文件保存的路径及可执行文件名。
(2) 第一行是程序的输出,"大家好! 欢迎来到奇妙的 C 语言世界!",然后换行。
(3) 第二行 Press any key to continue 并非程序指定的输出,而是 VC 6.0 在输出完运行结果后由 VC 6.0 系统自动加上的一行信息,告知用户"按任意键继续"。当按下任意键后,输出窗口消失,回到 VC 6.0 的主窗口,此时可以继续对源程序进行修改补充或其他工作。

至此,已完成了单文件程序从输入到运行的过程,最后,如果不再对程序进行其他操作,应选择"文件"菜单下的"关闭工作区"子菜单,以结束对该程序的操作。注意,不能只单击程序编辑窗口右上角的关闭按钮,如此操作没有关闭工作区,将影响下一个 C 语言程序的运行。

1.3　使用 Visual C++ 6.0 建立和运行多文件

1.3.1　建立和运行包含多个文件的程序的方法

前面介绍的是一个程序只包含一个源程序文件的情况,如果一个程序包含多个源程序文件,要运行得到结果,有两种方法:一是需要在编辑其中的主函数时,用#include 包含其他相关的源程序;二是需要建立一个工程文件(project file),在这个工程文件中包含多个文件(包括源文件和头文件)。

建立项目运行多文件的实质是把多个文件添加到项目中去,项目文件是放在项目工作区中的,因此要建立项目工作区。在编译时,系统会分别对项目中的每个文件进行编译,然后将所得到的目标文件连接成一个整体,再与系统的有关资源连接,生成一个可执行文件,最后执行该文件。

在实际操作时有两种方法:一种是由用户建立项目工作区和项目文件;另一种是用户只建立工程文件而不建立项目工作区,由系统自动建立项目工作区。

1.3.2 用#include包含多个文件的方法

用#include包含多个文件的方法,简单易懂,操作方便,具体步骤如下。

(1) 根据问题的需求分析,先用前面介绍的建立源程序的方法分别编辑好同一程序中的各个源文件程序,并存放在自己指定的目录下,如现有四个功能:输入数组的n个元素、对n个元素求和、输出n个元素、主函数,根据功能需要,分别建立 fileinput、filesum、fileoutput、filemain 共四个源文件,并把它们保存在 E:\PROGRAM 子目录下(需要把所有的源文件保存在相同目录下)。

说明:在所建立的源文件中,只有一个包含主函数 main() 的文件。

fileinput 源文件的内容如下:

```c
//输入数组
#include <stdio.h>
void input(int a[],int n)
{
    int i;
    printf("请输入%d个数,数与数之间用空格隔开:\n",n);
    for(i=0;i<n;i++)
        scanf("%d",&a[i]);
}
```

filesum 源文件的内容如下:

```c
//求数组的和
#include<stdio.h>
int sum(int a[],int n)
{
    int i,sum1=0;
    for(i=0;i<n;i++)
        sum1=sum1+a[i];
    return sum1;
}
```

fileoutput 源文件的内容如下:

```c
//输出数组
#include <stdio.h>
void output(int a[],int n)
{
    int i;
    for(i=0;i<n;i++)
        printf("%5d",a[i]);
    printf("\n");
}
```

(2) 在包含主函数的源文件中,把相关的源程序用"#include 文件名"的格式,编写在包含主函数的源文件的开头位置。如 filemain 源文件的程序如下：

```c
//主函数
#include <stdio.h>
#include"fileinput.c"
#include"filesum.c"
#include"fileoutput.c"
#define N 5
int main()
{
    int arr[N];
    input(arr,N);
    printf("\n数组的元素是:\n");
    output(arr,N);
    printf("\n数组的和是:%d\n",sum(arr,N));
    return 0;
}
```

（3）打开 filemain 源文件进行编译、连接、运行即可。

1.3.3 由用户建立项目工作区和工程文件

由用户建立项目工作区和项目文件的步骤如下。

（1）先用前面介绍的建立源程序的方法分别编辑好同一程序中的各个源文件程序，并存放在自己指定的目录下，在此建立 fileinput、filesum、fileoutput、filemain 共四个源文件（四个源文件的功能分别是：输入数组的 n 个元素、对 n 个元素求和、输出 n 个元素、主函数），并已把它们保存在 E:\PROGRAM 子目录下。

（2）建立一个项目工作区。

① 在图 1.5 所示的 VC 6.0 主窗口的主菜单栏中选择"文件"菜单，然后再在其下拉菜单中选择"新建"选项，弹出"新建"对话框，选择"新建"对话框左上角的"工作区"选项卡，表示要建立一个新的项目工作区。

② 在"新建"对话框中右部"C 位置"文本框中输入指定的文件目录（如 E:\PROGRAM，也可以指定为其他目录），在"C 工作区名字"文本框中输入指定的工作区的名字（如 ws）。当两个都输入后，保存的位置会在选定的文件目录后面自动加上工作区的名字（如 E:\PROGRAM\ws），如图 1.17 所示。

③ 单击右下部的"确定"按钮。此时返回 VC 6.0 主窗口。

（3）建立工程文件。

① 选择"文件"→"新建"选项，在弹出的"新建"对话框中选择"工程"的选项卡，表示要建立一个项目文件。

② 在"新建"对话框中左部的列表中选择 Win 32 Console Application 选项，在"新建"对话框右部的"工程"文本框中输入指定的工程文件名（如 project1），"新建"对话框中的"C 位置"文本框中的文件目录已自动显示，因为前面已设定工作区的文件目录，现在建立的工程文件是存放在已存在的工作区中。

使用 Visual C++、Dev-C++ 和 Visual Studio 运行程序

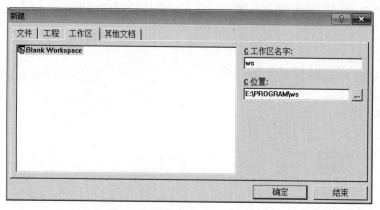

图 1.17 建立一个项目工作区界面

③ 选中"新建"对话框右部的单选按钮"A 添加至现有工作区",表示新建的工程文件是放在建立的当前工作区(ws)中的。此时,"C 位置"文本框中的内容自动变为 E:\PROGRAM\ws\project1,表示已确定工程文件 project1 存放在工作区 ws 中,如图 1.18 所示。

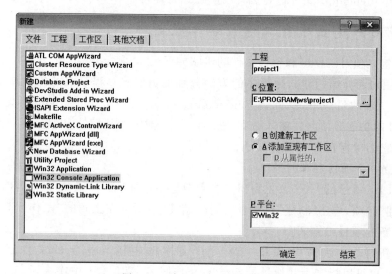

图 1.18 建立一个工程界面 1

④ 单击"确定"按钮,此时弹出一个如图 1.19 所示的对话框。在其中选中 An empty project 单选按钮,表示新建立一个空的项目。

⑤ 单击"F 完成"按钮,弹出"新建工程信息"对话框,显示刚才建立的项目的相关信息,如图 1.20 所示,在其下方看到文件的位置(工程目录:E:\PROGRAM\ws\project1)。

⑥ 确认信息无误后单击"确定"按钮,此时又回到 VC 6.0 主窗口,可以看到项目工作区窗口中有两个选项卡:ClassView 和 FileView。选择其中的 FileView 选项卡,窗口内显示"Workspace 'ws': 1 project(s)",表示工作区 ws 中有一个工程文件,其下一行为 project files,表示工程文件 project1 中的文件,现在为空。单击 project files 前面的"+"展开后有 3 个文件夹,如图 1.21 所示。

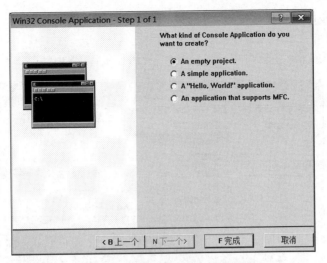

图 1.19 建立一个工程文件界面 2

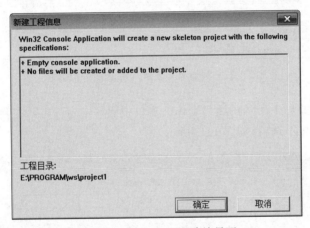

图 1.20 project1 工程确认界面

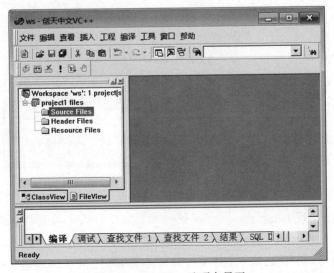

图 1.21 FileView 选项卡界面

(4) 添加源文件到工程。

① 将前面编辑的 4 个源程序文件放在工程中。

方法一：在 VC 6.0 主窗口中选择"工程"→"添加工程"→Files 选项，如图 1.22 所示。

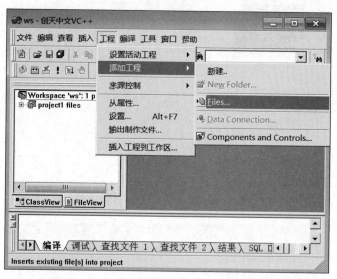

图 1.22　添加源文件到工程方法一示意图

方法二：右击图 1.21 所示的项目工作区窗口中的 Source Files，在弹出的快捷菜单中选择 Add Files to Folder 选项，如图 1.23 所示。

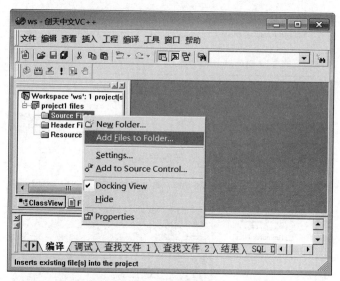

图 1.23　添加源文件到工程方法二示意图

② 此时屏幕上出现 Insert Files into Project 对话框。在该对话框中按路径找到 fileinput、filemain、fileoutput、filesum 所在子目录，并选中它们，如图 1.24 所示。

③ 单击"确定"按钮，就把这 4 个源文件添加到项目文件 project1 中了。此时，回到 VC 6.0 主窗口，观察项目工作区窗口，发现 Source Files 选项前面多了个"＋"。展开"＋"，窗口内

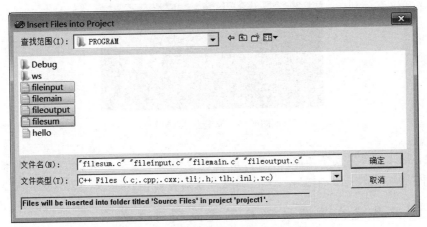

图 1.24　选择要添加到工程的源文件

显示了所添加的 4 个源文件,如图 1.25 所示。

(5) 编译和连接工程文件。

方法一:在 VC 6.0 主窗口中依次选择"编译"→"构件 project1.exe"选项,如图 1.26 所示。

图 1.25　添加了源文件的工程界面

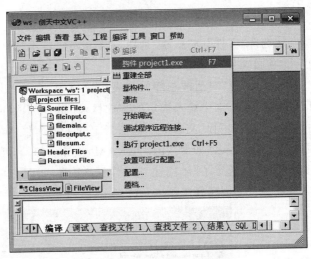

图 1.26　编译连接工程界面

方法二:按 F7 快捷键。

接着,系统对整个文件进行编译和连接,在输出窗口会显示编译和连接的信息。如果程序有错,会显示出错信息,经修改再编译、连接无错误后,会生成可执行文件 project1.exe。

(6) 执行可执行文件。

用运行单文件的方法运行 project1.exe,根据提示输入数据,整个工程运行的结果如图 1.27 所示。

使用 Visual C++、Dev-C++ 和 Visual Studio 运行程序

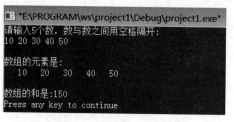

图 1.27　运行工程结果

说明：用此方法完成了工程后，若关闭后要打开文件进行修改，在"打开"对话框中"文件类型"中选择 Workspaces(.dsw;.mdp)，选择要打开的工作区（如 ws.dsw）即可。

1.3.4　用户只建立工程文件而不建立项目工作区

前面介绍的方法是先建立项目工作区，再建立项目文件，步骤比较多。可以采取简化的方法，即用户只建立工程文件，而不建立项目工作区，由系统自动建立项目工作区。

具体步骤如下。

（1）分别编辑好同一程序中的各个源文件程序，并存放在自己指定的目录下，如建立 fileinput、filesum、fileoutput、filemain 共 4 个源文件，并把它们保存在 E:\PROGRAM 子目录下。

（2）建立一个项目文件(不必先建立项目工作区)。

① 选择"文件"→"新建"选项，在弹出的"新建"对话框中选择"工程"选项卡，表示要建立一个项目文件。

② 在"新建"对话框左部的列表中选择 Win 32 Console Application 项，在该对话框右部"C 位置"文本框中输入指定的文件目录(如 E:\PROGRAM，也可以指定为其他目录)，在对话框右部的"工程"文本框中输入指定的工程文件名(如 project1)。此时，文件的目录后面自动加上工程名(如 E:\PROGRAM\project1)。可以看到：在该对话框右部中间的单选按钮处默认选定了"R 创建新工作区"选项，如图 1.28 所示。这是由于用户未指定工作区，系统会自动创建新工作区。

图 1.28　直接建立一个工程界面

③ 单击"确定"按钮,弹出如图 1.19 所示的 Win32 Console Application-Step 1 of 1 对话框,选择右部的 An empty project 单选按钮,单击"F 完成"按钮后出现"新建工程信息"对话框,如图 1.29 所示。

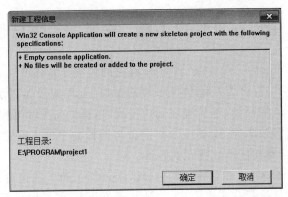

图 1.29　直接建立 project1 工程的确认界面

从图 1.29 的下部分可以看到项目文件的"工程目录"为 E:\PROGRAM\project1。此时的工程目录与 1.3.2 节所建立的目录有所不同,也就是与图 1.20 不同。

④ 单击"确定"按钮,在弹出的 VC 6.0 主窗口中工作区窗口的下方选择 FileView 选项卡,窗口中显示 Workspace 'project1':1 project(s),如图 1.30 所示。说明系统已自动建立一个工作区,由于用户未指定工作区,系统就将工程文件名 project1 同时作为工作区名。

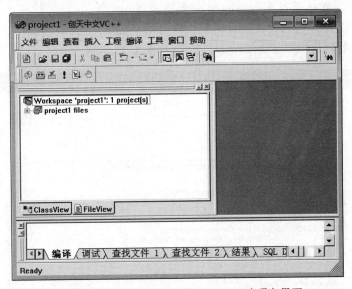

图 1.30　直接建立工程时的 FileView 选项卡界面

(3) 向此项目文件添加内容。步骤与 1.3.2 节方法中的第(4)步相同。
(4) 编译和连接工程文件。步骤与 1.3.2 节方法中的第(5)步相同。
(5) 执行可执行文件。步骤与 1.3.2 节方法中的第(6)步相同。
显然,这种方法比前面的方法简单一些。

在介绍单文件程序时,为了尽量简化手续,没有建立工作区,也没有建立项目文件,而是直接建立源文件。实际上,在编译每个程序时都需要一个工作区,如果用户未指定,系统会自动建立工作区,并赋予它一个默认名(此时以文件为工作区)。

1.4 Dev-C++ 的下载、安装、启动与使用

Dev-C++ 是一个 Windows 下的 C 和 C++ 程序的集成开发环境。它使用 mingw32/gcc 编译器,遵循 C/C++ 标准。开发环境包括多页面窗口、工程编辑器以及调试器等。在工程编辑器中集合了编辑器、编译器、连接程序和执行程序,提供高亮度语法显示的功能,以减少编辑错误,还有完善的调试功能,能够适合初学者与编程高手的不同需求。此外,它是很多高校计算机专业学科竞赛指定的比赛工具。

通过网络搜索到 Dev-C++ 的下载包后下载,Dev-C++ 的下载包有两种,一种是安装版本,就是需要安装后才能运行应用程序;另一种是绿色版本,就是解压下载包后无须安装,直接运行应用程序即可。目前,Dev-C++ 的最新版本是 Dev-C++ V6.7,近几年学科竞赛推荐使用的版本是 5.4.0。由于绿色版本的下载比较简单,在此以 5.11 版本为例介绍安装版本的安装过程。

(1) 通过网络下载完 Dev-C++ 的安装包后,就像安装其他软件一样,双击安装包,弹出如图 1.31 所示的对话框。语言先默认选择 English,初次安装完成后将出现选择中文简体的选项设置对话框。单击 OK 按钮。

图 1.31 Dev-C++ 安装界面 1

(2) 在弹出的对话框中单击 I Agree 按钮,如图 1.32 所示。

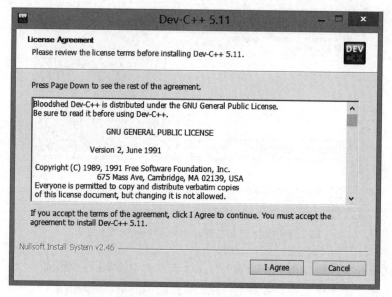

图 1.32 Dev-C++ 安装界面 2

(3) 接下来单击 Next 按钮,如图 1.33 所示,以便进行下一步操作。

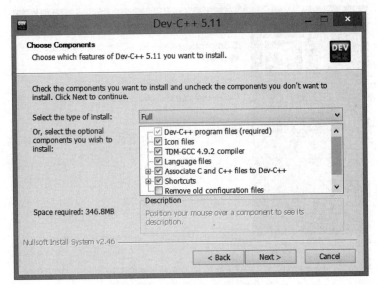

图 1.33　Dev-C++ 安装界面 3

（4）在如图 1.34 所示的界面中选择安装路径，然后单击 Install 按钮，进入安装过程。

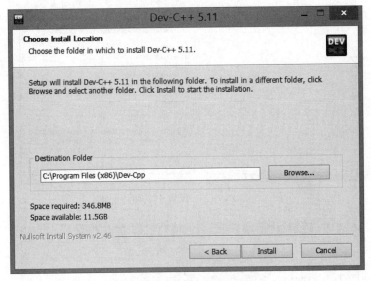

图 1.34　Dev-C++ 安装界面 4

（5）Dev-C++ 安装完成后的界面如图 1.35 所示，同时在桌面上产生了快捷图标 。此时如果要运行 Dev-C++，直接单击 Finish 按钮即可运行软件，否则取消勾选 Run Dev-C++ 5.11 的复选框，不运行软件，而是直接退出。若要运行 Dev-C++，最快捷方式就是双击桌面上的快捷图标。

（6）安装完成后将出现提示语言设置对话框，界面如图 1.36 所示，单击 Next 按钮继续。

（7）接着可以选择字体、颜色等设置，界面如图 1.37 所示，单击 Next 按钮继续。

图 1.35　Dev-C++ 完成安装界面

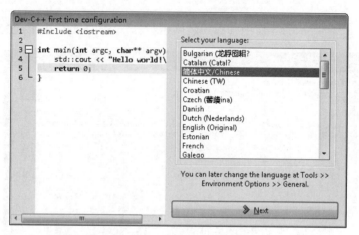

图 1.36　Dev-C++ 设置中文简体界面

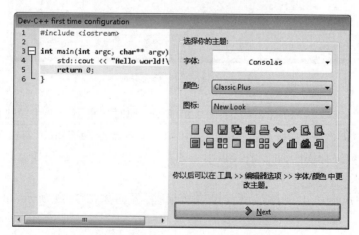

图 1.37　Dev-C++ 设置字体颜色界面

（8）设置成功后的界面如图 1.38 所示，单击 OK 按钮即可运行 Dev-C++。

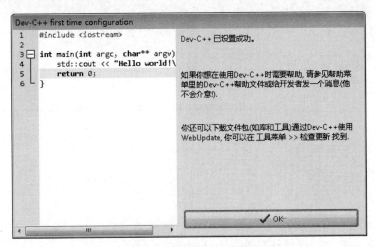

图 1.38　设置成功后的界面

（9）运行 Dev-C++，其主界面如图 1.39 所示。其界面与 VC 6.0 相似，分有菜单栏、工具栏等。

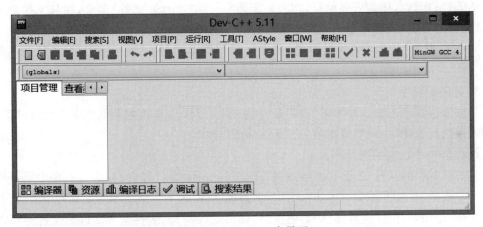

图 1.39　Dev-C++ 主界面

1.5　使用 Dev-C++ 建立和运行文件

本节介绍使用 Dev-C++ 建立和运行单文件，使用 Dev-C++ 建立和运行多文件的方法与 VC 6.0 一样，在此不做介绍。

1. 新建、输入、编辑源程序

启动之后，选择主菜单栏中的"文件"菜单，选择"新建"→"源代码"选项。或者单击工具栏中的"新建"按钮，再单击"源代码"按钮。然后可以在编辑区域输入、编辑源程序，如图 1.40 所示。此时还没有保存，所以标题栏及文件标签处显示"未命名 1"，1 是表示每次启动 Dev-C++ 后新建的第 1 个源程序。如果要建立多文件，则选择"新建"→"项目"选项。

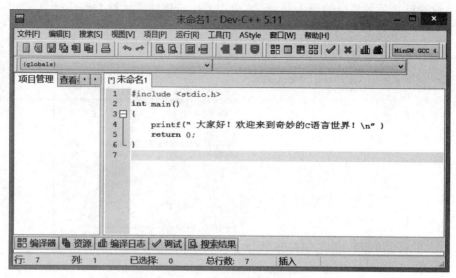

图 1.40　Dev-C++ 输入编辑源程序界面

2. 保存源程序

输入、编辑源程序后需要保存,方法是选择主菜单栏中的"文件"菜单,在其下拉菜单中选择"保存"选项。或者单击工具栏中的"保存"按钮;使用 Ctrl+S 组合键也是常用的方法。第一次保存时有"保存"对话框出现,需要选择保存路径、输入保存的文件名和选择保存类型。

3. 关闭源程序

当完成源程序的输入和编辑后,需要将其关闭,方法是选择主菜单栏中的"文件"菜单,根据各种情况选择"关闭""关闭项目""全部关闭"选项。

4. 打开一个已有的源程序

对于已保存的文件,需要打开继续进行编辑,此时需要打开它,方法是选择主菜单栏中的"文件"菜单,在其下拉菜单中选择"打开项目或文件"选项。或者单击工具栏中的"打开项目或文件"按钮。打开"打开文件"对话框后,根据文件路径、文件名和文件类型打开所需要的文件。

5. 编译和运行源程序

在编辑和保存了源程序后,需要对该源文件进行编译和运行,方法是:选择主菜单栏中的"运行"菜单,在其下拉菜单中选择"编译"选项,再选择"运行"选项;或者选择"编译运行"子菜单,一次性完成编译运行。在工具栏中也有相应的"编译""运行""编译运行"3 个按钮。

说明:在 Dev-C++ 中,新建、编辑、保存、关闭、打开、编译、运行源程序的其他方法不再一一列出。

1.6　Microsoft Visual Studio 的下载、安装

Microsoft Visual Studio 是一个完整的开发工具集,包括整个软件的生命周期所需的大部分工具,如统一建模语言(Unified Modeling Language,UML)工具、代码管控工具、集成

开发环境(Integrated Development Environment,IDE)等;所写目标代码适用于微软支持的所有平台,包括 Microsoft Windows、Microsoft .NET Framework、Microsoft Silverlight、Windows Mobile、Windows Phone 等;支持 C/C++、C#、JavaScript/TypeScript、VB、Python、R 等语言,是一个功能非常强大的开发平台,目前最新版本是 Visual Studio 2022。此外,它是计算机等级考试指定的软件。

通过网络搜索到 Microsoft Visual Studio 所需要的版本后进行下载安装,在安装过程中按照安装向导进行操作,因 Microsoft Visual Studio 与前面介绍 VC6.0 及 Dev-C++ 的下载、安装相似,在此不详细描述,可参考参考文献[12]~[14]。

1.7 使用 Visual Studio 创建项目和运行文件

Visual Studio 各版本的使用大同小异,在此以 Visual Studio 2022 说明项目的创建和文件的编译与运行。

1. 项目的创建

在安装好 Visual Studio 2022 后,启动打开,会出现一个创建项目的界面,可以选择不创建项目而直接进入 Visual Studio,但是在 Visual Studio 上一般是以项目的形式运行文件,方便管理。创建项目的步骤如下:

(1) 创建新项目。

(2) 在项目模板里找到所需要使用的模板,对于刚开始学习 C 语言的初学者而言,选择创建空项目即可,输入项目名称、文件保存的位置。

说明:也可在菜单栏内依次单击"文件"→"新建"→"项目"选项进行创建。

2. 编辑文件

创建完项目之后,就可以进入编辑界面进行源程序文件的编辑了。步骤如下:

(1) 创建项目之后,在解决方案资源管理器内显示项目的组织结构,如图 1.41 所示。

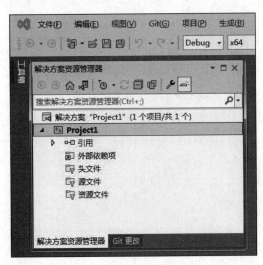

图 1.41 解决方案资源管理器显示项目的组织结构

（2）右击项目的"源文件"文件夹，在弹出的快捷菜单中，依次选择"添加"→"新建项"选项，界面如图 1.42 所示。

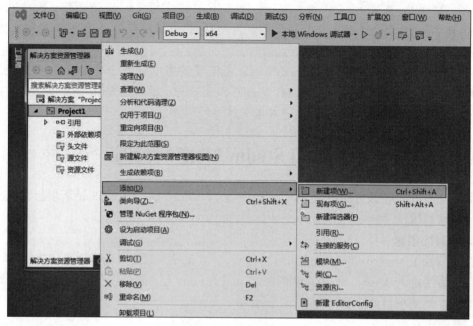

图 1.42 添加源文件界面

（3）将弹出如图 1.43 所示的"添加新项"窗口。先点开左上角的"已安装"，接着选中 Visual C++，在右边窗格单击 C++ 文件(.cpp)，在下边为源文件取名称（默认扩展名是.cpp，创建为 C 语言程序的需要在名称栏中更改扩展名为.c），如 hello.c，选择路径默认，最后单击"添加"按钮。

图 1.43 添加源文件界面

（4）完成以上操作后，出现新建源文件的编辑窗口，如图 1.44 所示。

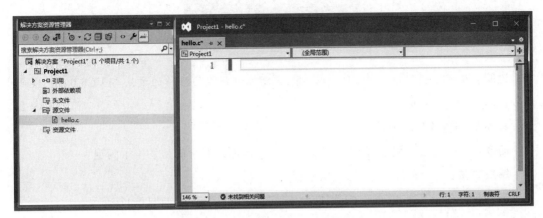

图 1.44　新建源文件的编辑窗口

（5）创建源文件之后，在编辑窗口中编写所准备好的程序代码，并按 Ctrl＋S 组合键或者单击工具栏中的"保存"按钮，把代码保存至源文件中，如图 1.45 所示。

图 1.45　编辑程序代码界面

3. 运行文件

（1）编辑好文件后，直接按 Ctrl＋Shift＋B 组合键，或者单击菜单栏中的"生成"，弹出下拉菜单，选择"生成解决方案"，进行编译程序，并且连接生成可执行程序。

（2）根据输出窗口的提示信息，若有编译错误，根据提示进行修改；若没有编译错误，并且成功生成应用程序，进入下一步。

生成可执行程序之后，接下来就是运行程序。

（3）运行程序的方法在此介绍两种：一是直接按 Ctrl＋F5 组合键，二是按 Alt＋D 组合键，或者单击菜单栏中的"调试"选项，弹出下拉菜单，选择"开始执行（不调试）"。

（4）运行结果如图 1.46 所示。

图 1.46　运行窗口界面

说明：在 Visual Studio 中，打开、保存、关闭源程序等的操作的方法与 VC6.0、Dev-C++相似，在此不再一一列出。

4. 常见问题及解决方法

问题：如果运行了程序，却没有出现运行窗口，那极有可能是发生了闪退。

解决方法：

第一步：右击工程，在弹出的快捷菜单中选择"属性"选项，如图 1.47 所示。

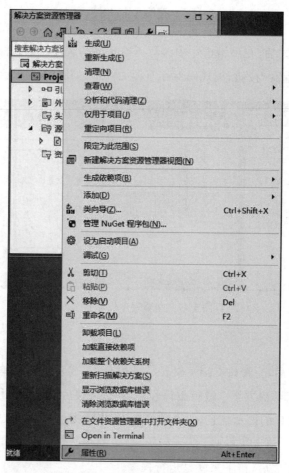

图 1.47　工程"属性"界面

第二步：依次选择"配置属性"→"链接器"→"系统"→"子系统"选项，在窗口右边的下拉文本框中选择"控制台(/SUBSYSTEM:CONSOLE)"，如图 1.48 所示。

第三步：依次单击"确定"和"应用"按钮。

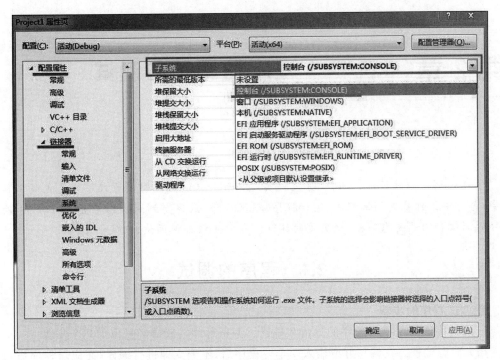

图 1.48 设置控制台界面

第 2 章　程序的调试与测试

学习 C 语言程序设计,必须十分重视实践环节。只能说编写出源程序只是完成工作的一半,另一半工作就是调试程序、运行程序、测试程序,最终得到正确结果并进行分析,所以程序的调试和测试是很关键、很重要的环节。本章介绍如何调试、测试程序。

2.1　程序的调试

1. 调试程序的步骤

所谓程序调试是指对程序的查错和排错。调试程序一般应经过以下几个步骤。

(1) 静态检查。在编写好或输入一个源程序后,不要立即进行编译,而应对程序进行人工检查。这一步是十分重要的,因为这一过程能发现程序设计人员由于粗心大意而造成的多数错误,而这一步骤又容易被设计者忽视。

为了更有效地进行人工检查,在编写程序过程中力求做到以下几点。

① 采用结构化程序设计的方法编程,以增强程序的可读性。

② 尽可能多地添加注释,如变量名的含义、函数的功能,方便理解程序的作用。

③ 在编写复杂程序时,不要把所有的语句都放在主函数中,而要利用函数,用一个函数来实现一个单独的功能。这样既易于阅读又易于调试。

(2) 动态检查。动态检查就是进行程序的调试,是由编译系统进行检查、发现错误。根据出错信息,具体找出程序中出错所在的行并改正。应当注意,有时提示的出错行并不是真正出错的行,有可能是上一行出错所引起的。

(3) 经过静态检查和动态检查后,连接生成目标程序,然后运行程序,输入准备好的测试数据,便可得到运行结果。但是,有时运行的结果与自己分析的结果不一样,这种情况大多属于逻辑错误。对这类错误需要仔细检查和分析才能找到原因。检查的方式有以下两种。

① 将程序与流程图(或伪代码)进行仔细地对照,特别是循环部分,很容易漏写花括号,或者把循环体的语句放在循环体外。

② 如果程序中没有发现问题,那么就要检查流程图是否有错,也就是自己设计的算法有无问题,如果有,则改正,接着修改源程序,再调试运行。

经过以上两种方式的检查后,运行结果还是不正确时,采取以下方式进行程序的调试。

① "分段检查"法。在程序不同的位置输入多个 printf() 函数语句,输出相关变量的值,以观察变量的值是否正确,逐段往后检查,直到找到某一段中数据不正确为止。此时就已经把错误限制在该段。这种不断缩小范围的"分段检查"法,能有效地发现错误所在。

② 利用调试工具跟踪程序并给出相应信息,使用更方便。

2. 利用调试工具检查逻辑错误

为方便读者学习如何利用调试工具检查逻辑错误,接下来通过实例用 VC 6.0 编译系统加以说明,Dev-C++、Visual Studio 的调试与 VC 6.0 相似,在此不做介绍。

(1) 利用调试菜单。编译 C 语言程序后,选择主菜单中的"编译"→"开始调试"选项,它又包含以下 4 个子选项。

Go:从当前语句开始执行程序直到遇到断点或遇到程序结束。

Step Into:单步执行程序,在遇到函数调用时,进入函数内部并从子函数头开始单步执行。

Run to Cursor:调试运行程序时,使程序运行到光标所在的行时停止,相当于设置一个临时断点。

Attach to Process:调试过程中直接进入正在运行的进程中。

(2) 利用"调试"工具栏。

首先,打开"调试"工具栏。常用的方法是:右击 VC 6.0 工具栏,在弹出的快捷菜单中勾选"调试"复选框即可调出"调试"工具栏,如图 2.1(a)所示,调试运行过程中的工具栏如图 2.1(b)所示。图中的按钮若为灰色,表示不可用。

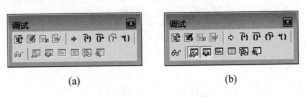

图 2.1 "调试"工具栏

"调试"工具栏对应的菜单项及其功能如表 2.1 所示。

表 2.1 "调试"工具栏对应的菜单项及其功能

按钮图标	名称	功能
📇	Restart	在调试过程中,经常会进行一种循环操作,首先找到一条错误的语句,接着对其做某些修改,然后再从头开始对程序进行调试,从而确定刚刚修改的语句是否按照预期的结果执行。单击 Restart 按钮,系统重新编译程序并放弃当前的所有值
📇	Stop Debugging	中断调试过程,返回正常的编辑状态
📇	Break Execution	在当前位置暂停程序运行
📇	Apply Code Changes	调试过程中,将所修改的代码加入源文件中
⇨	Show Next Statement	显示程序代码中当前语句的下一条语句
{↱}	Step Into	调试过程中单步执行程序,在遇到某一函数调用时,进入函数内部,从头开始单步执行
{↷}	Step Over	调试过程中单步执行程序,但当遇到某一函数调用时,不进入函数内部,直接执行完该函数,接着再执行调用函数语句后的语句

续表

按钮图标	名称	功能
	Step Out	该功能与 Step Into 配合使用,当执行 Step Into 语句进入函数内部时,若发现并不需要对该函数的内部进行单步执行,就可以单击 Step Out 按钮,使程序直接向下执行,直到从该函数内部返回,在该函数调用语句后面的语句处停止
	Run to Cursor	调试运行程序时,使程序运行到光标所在的行时停止,相当于设置一个临时断点
	QuickWatch	显示 QuickWatch 窗口,在该窗口可以计算表达式的值
	Watch	显示/隐藏 Watch 窗口,该窗口包含该应用程序的变量名及其当前值,以及所有选择表达式
	Variables	显示/隐藏 Variables 窗口,该窗口包含关于当前和前面的语句中所使用的变量和返回值
	Registers	显示/隐藏 Registers 窗口,显示微处理器的一般用途寄存器和 CPU 状态寄存器
	Memory	显示/隐藏 Memory 窗口,显示该应用程序的当前内存内容
	Call Stack	显示所有未返回的被调用的子程序名
	Disassembly	打开一个包含汇编语言代码的窗口,其中的汇编语言代码来自编译后程序的反汇编

其次,利用"调试"工具栏的按钮进行调试,步骤如下。

① 在源程序中设置断点。设置断点就是为了缩小错误所在范围而将程序分成若干块,甚至单个语句。设置断点的方法是:编译程序后,将光标移到某程序行上按下 F9 快捷键,此时该行前将出现红色圆点,如图 2.2 所示,程序执行到此会无条件地停下来。再按下 F9 快捷键,可取消断点的设置。

② 调试运行。设置断点后就可以调试运行,以下列出各种键的执行方式(也可选用"调试"工具栏中的相应按钮),根据需要选择相应方式进行调试。

● 单步执行。

F10 快捷键:每次执行当前光标处的一行程序或一条语句,或一次函数调用(不进入函数中)。

F11 快捷键:每次执行当前光标处的一行程序或一条语句,遇到函数调用则进入函数中。

● 执行到下一个断点。

F5 快捷键:从当前行一直执行到下一个断点处停止。

● 执行到光标处。

Ctrl+F10 组合键:从当前行一直执行到光标处停止。

● 执行完余下代码。

Shift+F10 组合键:从当前行执行完本函数中的余下所有代码。

图 2.2　设置断点

- 退出调试模式。

Shift+F5 组合键：停止调试，返回到编辑源程序状态。

- 重新开始：

Ctrl+Shift+F5 组合键：重新开始，返回到程序的第一条代码处。

③ 观察调试过程中变量值的变化。

边调试边观察变量值的变化是调试过程中的重要环节，从这一过程中可发现一些逻辑错误。进入调试模式后，VC 6.0 会自动打开 Variables 窗口和 Watch 窗口。

- Variables 窗口：包含 3 个选项卡。

Auto 选项卡：按字母顺序显示当前所有变量（包含变量的地址，如 &a，若定义了变量 a）的值，数组、结构体等变量则可按下前面的"+"号展开。

Lacals 选项卡：显示当前函数内所有局部变量的名称的值。

this 选项卡：显示 this 指针的类型、名称和值。

- Watch 窗口：包含 Watch1～Watch4 四个选项卡，每个选项卡都可以由用户输入任意变量和表达式并观察值。

图 2.3 是按 F5 快捷键不断执行断点至第 3 个断点处（语句"c=max(a,b);"）时，Variables 窗口中的 Auto 选项卡的示意图。

图 2.4 是按 F5 快捷键不断执行断点至第 3 个断点处（语句"c=max(a,b);"）时，Variables 窗口中的 Locals 选项卡和 Watch 窗口中的 Watch1 选项卡的示意图，图中 Watch1 选项卡中的 Name 列中的 a*b 是自行输入，右边 Value 列中的 50 是系统自动计算的结果。

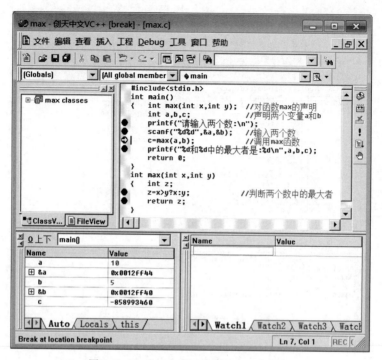

图 2.3　Variables 窗口中的 Auto 选项卡

图 2.4　Variables 窗口中的 Auto 选项卡和 Watch 窗口中的 Watch1 选项卡

调试程序是一项细致深入的工作，需要多花时间、多下功夫、多思考，善于积累经验。在程序调试过程中，往往反映出程序设计者的水平、经验和态度。只要加以重视，多进行调试，掌握调试的方法和技巧,在调试中学习,在学习中调试,久而久之就能写出错误较少的实用程序。

2.2 程序错误的类型

在程序的调试过程中,难免出现错误,在此简单介绍程序出错的类型。

1. 语法错误

编译系统查出的源程序属于语法错误,分为 3 类:致命错误、一般错误和警告错误(说明:这个分类与 1.2.5 节不矛盾,因为致命错误和一般错误体现在编译系统给出的 error 信息中,1.2.5 节讲的错误没有再细分为两类)。

致命错误一般很少出现,它通常是内部编译出错。一旦出现这类错误,编译立即停止。

一般错误通常是指源程序中的语法错误、存取数据错误或命令错误等,如括号不匹配、语句漏了分号。编译系统遇到这类错误时停止编译。

致命错误和一般错误体现在编译系统给出的 error 信息中,不改正是不能通过编译的,也不能产生目标文件,更无法继续连接以产生可执行文件,所以必须改正。

警告信息是指出一些值得怀疑的情况,而这些情况有可能是源程序中合理的一部分,例如,定义了变量但始终没使用、把一个单精度变量赋给一个整型变量等。因此警告信息只是提醒用户注意,编译过程并不停止。它体现在编译系统给出的 warning 信息中。

因此,对于编译系统查出的 error 信息,必须一一排除,对于 warning 信息,有的并不说明程序有错,可以不处理,但还是要引起重视,并加以分析,最好做到既无错误又无警告。

2. 逻辑错误

没有语法错误后,运行程序,发现程序执行结果与原来分析的不相符,这类错误,大多属于逻辑错误,这是由于程序设计人员设计的算法有错或编写的程序有错,通知给系统的指令与题目的原意不相同。逻辑错误比语法错误更难排除,往往需要仔细检查、分析才能发现。在此列出一些常犯的逻辑错误供读者参考。

(1) 使用了没有初始化的变量。

例如,程序段:

```
int i,a[5];
for(i=0;i<5;i++)
    printf("%d",a[i]);
```

运行该程序段后,输出了一组不可预料的值。在 C 语言中,系统不会自动初始化变量,若使用了没有初始化的变量,结果会出现一些意外的结果。解决方法是对所有定义的变量进行初始化。

(2) 数据溢出,输出的结果是错误的。

例如,程序段:

```
int s,n,i;
n=200;
s=1;
```

```
for(i=1;i<n;i++)
    s=s*i;
printf("%d\n",s);
```

运行该程序段后,输出的值与分析的不一样,这是因为在本程序段中的 200 的阶乘超出了整数的范围,所以得不到正确的结果。解决方法是预先估计数据的范围,以正确定义数据的类型。

(3) 忽略了除数为零的情况。

例如,程序段:

```
float i,s=0.0;
printf("请输入 i 的值: ");
scanf("%f",&i);
s=2/(int)i;
printf("%d\n",s);
```

运行该程序段后,程序异常退出,这种错误是非常致命的,所以使用除法时一定要注意判断除数为零的情况。解决方法是事先写语句判断除数是否为零。

(4) 混淆了运算符,如 & 和 &&。

例如,表达式"if（a&b）"写成"if（a&&b）"。运行该程序段后,结果不确定,因为"a&b"和"a&&b"是截然不同的运算符,"&"是按位与运算符,"&&"是逻辑与运算符。这种错误很隐秘,在某些巧合的情况下甚至可以得出正确的结果。解决方法是细心,细心,再细心。

(5) 依赖编译器求值顺序来写语句。

例如,程序段:

```
int i=5;
printf("%d,%d,%d\n",i++,++i,i++);
```

该程序段在不同的编译器有不同的结果,因为不同的编译器对自增和自减的执行顺序不一样,也就是会引起二义性。解决方法是使用简单明了的方法来表示,如可修改为

```
int i=5,a,b,c;
a=i++;
b=++i;
c=i++;
printf("%d,%d,%d\n",a,b,c);
```

(6) 误用"=="和"="。

例如,表达式"if（a=0）"和"if（a==0）"。表达式"if（a=0）"的结果始终为假,无法进行 if 语句为"真"时的分支结构。解决方法是熟记各运算符。

(7) 程序中的复合表达式与自然语言混淆。

例如,表达式"if(a>b>c)"。表达式的输出结果是错误的,因为"a>b>c"是数学表达式而不是程序表达式,应修改为"if（(a>b) && (b>c)）"。解决方法是要掌握 C 语言中复合语句的表达,要转换数学表达式到 C 语言表达式的观念。

(8) 数组下标越界。

例如，程序段：

```
int i,a[5];
for(i=0;i<=5;i++)
    printf("%d",a[i]);
```

该程序段错在下标的越界，因为定义了 5 个元素，最大下标是应该是 4，越界使用数组也是非常危险，将导致数的不正确性，因为无法预知那个空间里的是什么内容、是否有用。解决方法是牢记 C 语言中数组下标是从 0 开始，定义数组时的数字是数组元素的个数，而不是最大下标。

(9) 字符串没有用'\0'终结符。

这是编写有关字符串处理函数时最容易忽略的问题，所有的字符串都应以'\0'为终结符。

以上只是列举了一些初学者容易犯的逻辑错误，如输入输出数据类型不匹配、循环或判断语句多加了分号等错误，在此不再一一举例，请读者在学习过程中多总结、多积累经验。

C 语言的功能强大，简洁高效，程序设计的自由度大，应用面广，但是语法限制不严格，使学习者难以掌握。因此，要发现并改正逻辑错误，要求程序员有较丰富的经验。相信读者经过不断地上机实验后能积累更多的经验，解决更多更深入、更隐蔽的逻辑错误。

3. 运行错误

有时程序既无语法错误，又无逻辑错误，但程序仍不能正常运行或结果不对。多数情况是数据不对，包括数据本身不合适或数据类型不匹配。因此，平时应当养成认真分析结果的习惯，不能一味地"相信"计算机、依赖计算机的运行结果。

2.3 程序的测试

程序测试的目的和任务是尽力找出程序中可能存在的错误或缺陷，在测试时要设想到程序运行时的各种情况，并测试在各种情况下的运行结果是否正确。

测试的关键是正确地、充分地准备测试数据。下面通过一个简单的例子来说明。

输入三角形的 3 条边 a、b、c，计算该三角形的面积 s。三角形的面积公式为 $s=\sqrt{1(1-a)(1-b)(1-c)}$，其中 $1=\frac{1}{2}(a+b+c)$。

有些设计者根据题意，写了如下的程序：

```
#include<stdio.h>
#include<math.h>
int main()
{
    float a,b,c,l;
    float area;
    printf("请输入三角形的 3 条边长:\n");
    scanf("%f%f%f",&a,&b,&c);
```

```
        l=1/2.0*(a+b+c);
        area=sqrt(l*(l-a)*(l-b)*(l-c));
        printf("该三角形的面积为%.2f\n",area);
        return 0;
}
```

当输入 2、3、4 时,输出的面积是 2.90,结果是正解的。但当输入 1、2、3 时,输出的面积是 0.00,显然结果是错误的。

经过两组数据的测试,一个正确,另一个错误,这样不能说明上面的程序是错的,只能说明设计时"考虑不周",有些情况下结果是正确的,但不是任何情况下都是正确的,因此,上面的程序要再"考虑周全"地进行修改。

判断构成三角形的条件是任意两边之和大于第三边,因此,要判断输入的 a、b、c 三个数是否能构成三角形。另外,因为是涉及日常生活中的常识,物体三角形的 3 条边 a、b、c 当中的任意一个数都不能小于或等于 0,所以在设计时还要考虑输入数据的范围。

基于前面的周全分析,修改后的算法如下:

```
#include<stdio.h>
#include<math.h>
int main()
{
    float a,b,c,l;
    float area;
    printf("请输入三角形的3条边长:\n");
    scanf("%f%f%f",&a,&b,&c);
    if(a<=0 || b<=0 ||c<=0 || a+b<=c || a+c<=b || b+c<=a)
    {
        printf("输入错误,程序中止!\n");
        return;
    }
    l=1/2.0*(a+b+c);
    area=sqrt(l*(l-a)*(l-b)*(l-c));
    printf("该三角形的面积为%.2f\n",area);
    return 0;
}
```

为了测试程序的"健壮性",在此准备了 5 组数据:-1、5、10;4、0、6;5、6、0;1、2、3;6、5、10。

分别用这 5 组数据进行测试,得到以下的结果。

① 请输入三角形的 3 条边长:

-1 5 10

输入错误,程序中止!

② 请输入三角形的 3 条边长:

输入错误,程序中止!
③ 请输入三角形的 3 条边长:

5 6 0

输入错误,程序中止!
④ 请输入三角形的 3 条边长:

1 2 3

输入错误,程序中止!
⑤ 请输入三角形的 3 条边长:

6 5 10

该三角形的面积为 11.40。

经过测试,可以看到程序对任何输入的数据都能给以判断并得到正确的结果。

了解了测试的目的和任务后,要学会组织测试数据,并根据测试结果不断地完善程序。要能全面地组织测试数据,需要通过不断地上机实践来积累经验,因此读者要通过上机操作来不断地调试程序、测试程序,尽快掌握调试程序和测试程序的方法与技巧。

第 3 章　上机实验的目的和要求

3.1　上机实验的目的

程序设计是一门实践性很强的课程,特别是 C 语言灵活、简洁,加上它的语法检查不太严格,更需要通过上机实践来掌握。本课程除了安排课堂讲授外,每周还安排 2 课时进行上机实验。学生除了完成教师指定的上机实验内容以外,在课余时间也要多上机操作。在学习的过程中,不能只满足于能看懂书上的程序,而应当熟练地掌握程序设计的全过程,包括独立编写出源程序,独立上机调试程序,独立运行程序和分析结果。

上机实验的目的,不仅仅是验证教材和讲课的内容、检查自己所编写的程序是否正确,更重要的还有如下几个方面。

1. 加深对课堂讲授内容的理解

课堂上要讲授许多关于 C 语言的语法规则,听起来十分枯燥无味,也不容易记住,死记硬背更不可取。通过不断地上机练习,对这些语法规则等基础知识有了感性的认识,能加深对知识的理解,在理解的基础上自然而然就掌握了。对于一些知识点,在课堂上以为听懂了,通过上机实验后会发现原来的理解有些偏差;还有一些知识点可能要通过上机才能体会和掌握。

学习 C 语言不能只停留在学习它的语法规则上,更应该把学到的知识用于编写 C 语言程序并解决实际问题。只有通过上机才能检验自己编写的程序是否能得到自己所分析的正确的结果。

通过上机实验来验证自己编写的程序是否正确,是大多数学生初学 C 语言的做法。但是,不能只停留在这一步,而应该多进行总结与思考,例如:在解决本问题时犯了哪些错误?如何避免以后再出现这样的问题?还有没有其他更好的解决方法呢?还有没有其他更简洁的语句呢?

通过不断地上机实验、不断地总结,才能加深对 C 语言的理解,才能提高自己对知识的掌握和思维的扩展,最终提高开发能力,因为算法之精妙、程序结构之清晰、界面之友好、容错性之高永远是程序员追求的目标。

2. 熟悉程序开发环境

一个 C 语言源程序从编辑、编译、连接到运行,都要有一定的环境来支撑。所谓的"环境"是指所用的计算机系统的硬件、软件配置情况。只有学会使用这些环境,才能掌握系统的哪些功能能帮助自己开发程序。每种计算机系统的功能与操作方法不完全相同,但只要掌握一两种,便可触类旁通。

3. 学会上机调试程序

上机调试程序看似是很简单的过程，但要快速地找出原因却不容易，特别是代码多的源程序。所以学会上机调试程序，是要善于发现程序中的错误，并且能很快地排除这些错误，最终使程序能够正确地运行，同时要学会分析运行的结果。经验丰富的编程者在编译和连接过程中出现"出错信息"时，一般能很快地判断出错误所在并改正，而缺乏经验的人即使在明确的"出错提示"下也难以找出错误。

调试程序本身是程序设计课程的一个重要的内容和基本要求，是一个技巧性很强的工作，调试程序的能力是每个程序设计人员应当掌握的一项基本功，对于初学者来说，尽快掌握程序的调试方法是非常重要的，应给予充分的重视。调试程序固然可以借鉴他人的现成经验，但更重要的是通过自己的直接实践来积累经验，而且有些经验只能"意会"，难以"言传"。别人的经验不能代替自己的经验，因此学会调试很重要。

因此，上机实验时不能只满足于程序通过和有正确的结果，因为即使运行结果正确，也不等于程序质量高、程序很完善。在得到正确的结果后，应该考虑对程序进行改进，如修改一些参数，增加程序的一些扩展功能，改变数据的类型、数据的输入方法等，再进行编译、连接、运行、调试、测试，不断地观察和分析所出现的问题，同时要做好实验结果的记录及分析。俗话说："熟能生巧"。经常上机的设计者见多识广，经验丰富，能很快地找到出错点。

3.2　上机实验前的准备工作

为了提高学习效率，上机实验前应事先做好准备工作。准备工作包括如下几点。

（1）了解所用的计算机系统、C语言编译系统的性能和使用方法。

（2）复习和掌握与本实验有关的教学内容。

（3）准备好上机所需的源程序，这点非常重要。要根据教师预先安排的实验内容，根据内容里的问题进行分析，选择适当的算法并编写好程序。上机前一定要仔细检查源程序直到找不到语法和逻辑方面的错误。

（4）分析可能遇到的问题，找到解决问题的对策，对程序中有疑问的地方应做好笔记，以便上机时给予留意。

（5）特别是要准备几组测试数据及预期的正确结果。切忌没有任何准备就去上机，或者上机时临时拼凑一个错误百出的程序，那样就白白浪费了宝贵的上机时间；如果抄写或复制一个别人编写的源程序，到头来自己更是一无所获。因此，从开始就要养成良好的学习习惯和严谨的求学作风。

3.3　上机实验的步骤

上机实验的内容包括验证性实验和综合性实验，上机时要求一人一组，独立上机。上机过程中出现的问题，除了是系统的问题以外，一般要学会独立思考，自己处理，不要动辄问同学或老师，特别是调试过程中遇到"出错信息"时更要善于自己分析、判断。

上机实验一般应包括以下几个步骤。

（1）进入C语言编译环境，如VC 6.0、Dev-C++或Visual Studio等集成环境。

(2) 输入已准备好的源程序。
(3) 编译、连接、调试源程序。
(4) 运行源程序并分析运行结果,与预先分析的结果进行对比,若结果不相同,找出原因。在运行时输入准备好的测试数据,多角度地进行检验。
(5) 输出程序清单,保存运行结果。

3.4 实 验 报 告

上机实验后,应整理出相应的实验报告。实验报告的内容包括以下几方面。
(1) 实验目的和要求。
(2) 实验环境、内容和方法。
(3) 实验过程描述。包括实验步骤、实验数据类型的说明(如结构体、枚举等)、功能的设计、源程序等。
(4) 实验结果及结果分析。包括原始数据、相应的运行结果、必要的注释说明、结果的分析等。
(5) 实验小结。包括实验过程中的心得体会、经验的总结、失误点的分析与思考等。

第二部分　实验内容及参考程序

　　为方便各教师的教学,设计了与主教材《程序设计基础(C语言)》(第 3 版·微课视频·题库版)内容配套的上机实验内容。根据教学要求,实验内容分为两部分:一是验证性实验,即通过上机实验来掌握基础知识,基本上主教材每章的内容对应一个实验,共安排 11 个验证性实验,可根据这些实验的内容适当地安排实验时间;二是综合性实验,即综合运用已学知识,编写一些规模稍大、能供实际应用的实验,以提高编程能力,本书介绍 3 个综合性实验供读者参考。上机频率一般为每周一次,每次 2 学时,每个实验安排 1~2 次课。各单位根据自身教学安排作相应的调整,增加或减少实验内容。在完成验证性实验的基础上,至少安排 1 个综合性实验。

第 4 章　　验证性实验

实验 1　　C 语言程序的运行环境和运行方法

1. 实验目的

（1）了解所用计算机系统的基本操作方法，熟悉 VC 6.0、Dev-C++ 和 Visual Studio 界面。

（2）熟练掌握在 VC 6.0、Dev-C++ 和 Visual Studio 中如何编辑、编译、连接和运行 C 语言程序。

（3）通过运行简单的 C 语言程序，初步了解 C 语言程序的特点。

2. 实验内容

（1）阅读本书第 1 部分内容，了解 VC 6.0、Dev-C++ 和 Visual Studio 的安装、启动，明确上机实验目的、要求等。

（2）运行 VC 6.0、Dev-C++ 和 Visual Studio，熟悉 VC 6.0、Dev-C++ 和 Visual Studio 界面。

（3）按照本书 1.2 节、1.3 节、1.5 节、1.7 节的内容进行建立和运行 C 语言程序的操作。

（4）输入以下 C 语言程序并上机调试运行。程序的功能是从随意输入的两个数中找出较大的数并输出。如输入 8 10，观察运行结果。

```c
#include<stdio.h>
int max(int a,int b);              /*函数声明*/
int main()                         /*主函数*/
{
  int x,y,z;                       /*变量说明*/
  printf("input two numbers:\n");
  scanf("%d%d",&x,&y);             /*输入 x、y 值*/
  z=max(x,y);                      /*调用 max()函数*/
  printf("max=%d\n",z);            /*输出*/
  return 0;
}
int max(int a,int b)               /*定义 max()函数*/
{
  if(a>b)
   return a;
  else
   return b;                       /*把结果返回主调函数*/
}
```

实验 2　数据类型、运算符和表达式

1. 实验目的

（1）掌握 C 语言数据类型，熟悉如何定义一个整型、字符型和实型的变量，以及对它们赋值的方法。

（2）掌握不同的类型数据之间赋值的规律。

（3）学会使用 C 语言的有关算术运算符，以及包含这些运算符的表达式，特别是自加（++）和自减（--）运算符的使用。

2. 实验内容

（1）对于以下程序：

```c
#include<stdio.h>
int main()
{ short a,b;
  a=32767;
  b=a+1;
  printf("%d, %d\n",a,b);
  return 0;
}
```

① 请分析该程序的输出是什么？
② 输入并运行该程序，程序运行的结果是什么？
③ 试对比分析结果和程序运行的结果一样吗？如果不一样，为什么？

（2）对于以下程序：

```c
#include<stdio.h>
int main()
{ float a,b;
  a=1234567.89e5;
  b=a+30;
  printf("%f\n",b);
  return 0;
}
```

① 请分析该程序的输出是什么？
② 输入并运行该程序，程序运行的结果是什么？
③ 试分析你的分析结果和程序运行的结果一样吗？如果不一样，为什么？

（3）输入以下程序：

```c
#include<stdio.h>
int main()
{ char c1,c2;
  c1='a';
  c2='b';
```

```
    printf("%c%c\n",c1,c2);
    return 0;
}
```

① 运行此程序。
② 在上面 printf 语句下面再增加一个 printf 语句：

```
printf("%d %d\n",c1,c2);
```

再运行,并分析结果。
③ 将第 3 行改为：

```
int c1,c2;
```

再使之运行,并观察结果。
④ 再将第 4、5 行改为：

```
c1=a;          /*不用单撇号*/
c2=b;
```

再使之运行,分析其运行结果。
⑤ 再将第 4、5 行改为：

```
c1="a";        /*用双撇号*/
c2="b";
```

再使之运行,分析其运行结果。
⑥ 再将第 4、5 行改为：

```
c1=300;        /*用大于 255 的整数*/
c2=400;
```

再使之运行,分析其运行结果。
(4) 求解如下表达式的值,试分析运行结果并编程验证,看自己的分析是否正确。
① x+a%3*(int)(x+y)%2/4,其中 x=2.5,a=7,y=4.7。
分析运行结果为_____。
编程运行结果为_____。
如果结果不一致,试分析其原因。
② (float)(a+b)/2+(int)x%(int)y,其中 a=2,b=3,x=3.5,y=2.5。
分析运行结果为_____。
编程运行结果为_____。
如果结果不一致,试分析其原因。
(5) 对于以下程序：

```
#include<stdio.h>
int main()
{ char c1='a',c2='b',c3='c',c4='\101',c5='\116';
  printf("a%c b%c\tc %c\tabc\\n",c1,c2,c3);
```

```
    printf("\t\b%c%c\n",c4,c5);
    return 0;
}
```

① 分析该程序的输出是什么？

② 输入并运行该程序，程序的运行结果是什么？

③ 试分析你的分析结果和运行结果一样吗？如果不一样，为什么？

（6）输入并运行下面的程序：

```
#include<stdio.h>
int main()
{ int a,b;
  unsigned c,d;
  long e,f;
  a=100;
  b=-100;
  e=50000;
  f=32767;
  c=a;
  d=b;
  printf("%d,%d\n",a,b);
  printf("%u,%u\n",a,b);
  printf("%u,%u\n",c,d);
  c=a=e;
  d=b=f;
  printf("%d,%d\n",a,b);
  printf("%u,%u\n",c,d);
  return 0;
}
```

请对照程序和运行结果分析：

① 将一个负整数赋给一个无符号的变量，会得到什么结果？

② 将一个大于 32 767 的长整数赋给整型变量（假定所用的 C 语言系统分配给整型变量 2 字节），会得到什么结果？

③ 将一个长整数赋给无符号变量，会得到什么结果（分别考虑长整数的值大于或等于 65 535 和小于 65 535 的情况）？

（7）输入以下程序：

```
1   #include<stdio.h>
2   int main()
3   { int i,j,m,n;
4     i=8;
5     j=10;
6     m=++i;
7     n=j++;
8     printf("%d,%d,%d,%d\n",i,j,m,n);
```

```
9   return 0;
10 }
```

运行程序,注意 i、j、m、n 各变量的值,分别做以下改动后再分析 i、j、m、n 各变量值的变化情况。

① 将第 6、7 行改为

m=i++;
n=++j;

再运行。

② 程序改为

```
#include<stdio.h>
int main()
{ int i,j;
  i=8;
  j=10;
  printf("%d,%d\n",i++,j++);
  return 0;
}
```

③ 在②的基础上,将 printf 语句改为

printf("%d,%d\n",++i,++j);

④ 再将 printf 语句改为

printf("%d,%d,%d,%d\n",i,j,i++,j++);

⑤ 程序改为

```
#include<stdio.h>
int main()
{ int i,j,m=0,n=0;
  i=8;
  j=10;
  m+=i++;n-=--j;
  printf("i=%d,j=%d,n=%d\n",i,j,m,n);
  return 0;
}
```

实验 3　顺序结构程序设计

1. 实验目的

(1) 掌握基本输出函数 printf()、输入函数 scanf() 等的格式及其主要用法。

(2) 熟练掌握顺序结构程序设计的方法。

2. 实验内容

(1) 编写程序,把 560 分钟换算成用小时和分钟表示,然后输出。

(2) 编写程序,读入 3 个双精度数,求出它们的平均值并保留此平均值小数点后一位数,对小数点后的第二位数进行四舍五入,最后输出结果。

实验 4 选择结构程序设计

1. 实验目的

(1) 理解 C 语言表示逻辑量的方法。
(2) 理解逻辑运算符和逻辑表达式的使用。
(3) 熟练掌握 if 语句、if…else…语句和 switch 语句实现选择结构的方法。
(4) 熟练掌握选择结构的嵌套。
(5) 能够编写选择结构的程序解决一些实际问题。

2. 实验内容

(1) 编写一个程序,当给 x 输入小于 1 的数时,输出 x-1 的值;当给 x 输入大于或等于 1 且小于 10 的数时,输出 2(x-1) 的值;当给 x 输入大于或等于 10 的数时,输出 3x-10 的值。用数学形式可以表示为

$$y = \begin{cases} x-1 & x < 1 \\ 2(x-1) & 1 \leqslant x < 0 \\ 3x-10 & x \geqslant 10 \end{cases}$$

(2) 输入一个不多于 3 位数的正整数,编写程序实现下面的要求:
① 判断这个数是几位数。
② 分别输出这个数的每位数。
③ 按照输入的数的逆序输出另外一个数。如输入 123,输出 321。

(3) 某企业发放的年终奖金根据企业的年度利润分段提成计算。年度利润小于或等于 10 万元部分,可以按照 10% 提取年终奖金;年度利润大于 10 万元且小于或等于 20 万元部分,可以按照 7.5% 提取年终奖金;年度利润大于 20 万元且小于或等于 40 万元部分,可以按照 5% 提取年终奖金;年度利润大于 40 万元且小于或等于 60 万元部分,可以按照 3% 提取年终奖金;年度利润大于 60 万元且小于或等于 100 万元部分,可以按照 1.5% 提取年终奖金;超过 100 万元部分按照 1.5% 提取年度奖金。分别用 if 语句和 switch 语句编写程序,输入年度利润总数,输出年终奖金总数。

(4) 根据有关数据统计分析,某个人成年时的身高与其性别有关,并且还与其父亲的身高和母亲的身高有关,最后还与是否经常参加体育锻炼和是否有良好的卫生饮食习惯有关。

身高预测公式如下:
男性成年后时的身高=(父亲的身高+母亲的身高)×0.54(厘米)
女性成年后时的身高=(父亲的身高×0.923+母亲的身高)/2(厘米)

另外,如果经常参加体育锻炼,那么身高可以增加 2%;如果有良好的卫生饮食习惯,那么身高可以增加 1.5%。编写程序输入性别(用字符 F 表示女性,M 表示男性)、父母的身高(单位为厘米)、是否经常参加体育锻炼(用字符 Y 表示是,用 N 表示否)、是否有良好的卫生饮食习惯(用字符 Y 表示是,用 N 表示否),根据公式预测某个人成年后的身高。

(5) 根据从键盘上输入的表达式:操作数 运算符 操作数(输入时中间可以不用空格,运算符为＋、－、＊、/,分别进行加、减、乘、除运算),用 switch 语句编写一个简单的计算器程序。

实验 5　循环结构程序设计

1. 实验目的

(1) 熟练使用 while 语句、do…while 语句和 switch 语句实现循环的方法。
(2) 能够使用循环结构解决实际问题。
(3) 继续学习调试程序。

2. 实验内容

(1) 输入一个正整数 n,编程计算 n!的值。

(2) 利用泰勒级数 $e=1+\frac{1}{1!}+\frac{1}{2!}+\frac{1}{3!}+\cdots+\frac{1}{n!}$ 计算 e 的近似值,当最后一项的值小于 10^{-5} 时认为达到了精度要求。要求编程统计共累加了多少项。

(3) 编程解决爱因斯坦数学题。爱因斯坦曾出过这样一道数学题:有一条长阶梯,若每步跨 2 阶,最后剩下 1 阶;若每步跨 3 阶,最后剩下 2 阶;若每步跨 5 阶,最后剩下 4 阶;若每步跨 6 阶,最后剩下 5 阶;只有每步跨 7 阶,最后才正好 1 阶不剩。请问,这条阶梯共有多少阶?

(4) 利用 C 语言编写程序,给学生出加法运算题,然后判断学生输入的答案对错与否,按下列要求以循序渐进的方式编程。

程序 1　通过输入两个加数给学生出一道加法运算题,如果输入答案正确,则显示"正确!",否则显示"错误!",程序结束。

程序 2　通过输入两个加数给学生出一道加法运算题,如果输入答案正确,则显示"正确!",否则显示"错误! 请再尝试一次!",直到做对为止。

程序 3　通过输入两个加数给学生出一道加法运算题,如果输入答案正确,则显示"正确!",否则提示重做,显示"错误! 请再尝试一次!",最多再给三次机会,如果三次仍未做对,则显示"错误! 你已经尝试了三次。测试结束。",程序结束。

程序 4　连续做 10 道题,通过计算机随机产生两个 1～10 的加数给学生出一道加法运算题,如果输入答案正确,则显示"正确!",否则显示"错误!",不给机会重做,10 道题做完后,按每题 10 分统计总得分,然后打印出总分和错误题总数。

程序 5　通过计算机随机产生 10 道加减运算题,两个操作数为 1～10 的随机数,运算类型为随机产生的加、减运算中的一种,如果输入答案正确,则显示"正确!",否则显示"错误!",不给机会重做,10 道题做完后,按每题 10 分统计总得分,然后打印出总分和错误题总数。

【思考题】　如果要求将整数之间的四则运算题改为实数之间的四则运算题,那么程序该如何修改呢?如果程序 5 要能进行加、减、乘、整除中的任意一种运算,又应该如何修改呢?

实验 6　数　　组

1. 实验目的
（1）掌握一维数组和二维数组的定义和引用方法。
（2）掌握与数组有关的一些算法。
2. 实验内容
（1）编写程序，输出杨辉三角。
（2）编写程序，将一个二维数组的行和列元素互换，存到另一个二维数组中。

实验 7　函　　数

1. 实验目的
（1）熟练掌握函数的定义和使用方法。
（2）掌握函数的类型和返回值。
（3）熟练掌握函数的形式参数和实际参数，函数调用时参数值的传递的方法。
（4）掌握函数的嵌套调用和递归调用。
（5）掌握变量的存储类别、作用域和生存期。
（6）学习对多文件的程序的编译和运行。
2. 实验内容
按下述要求编写程序并上机调试运行。
（1）写一个函数，判断某一个 4 位正整数是不是玫瑰花数（玫瑰花数即该 4 位数各位数字的 4 次方和恰好等于该数本身，如：$1634=1^4+6^4+3^4+4^4$）。在主函数中从键盘任意输入一个 4 位数，调用该函数，判断该数是否为玫瑰花数，若是则在主函数中输出 yes。否则输出 no。

要求所编写的程序，主函数的位置在其他函数之前，在主函数中对其所调用的函数进行声明。进行以下工作。
① 输入自己编写的程序，编译和运行程序，分析结果。
② 将主函数的函数声明删掉，再进行编译，分析编译结果。
③ 把主函数的位置改为在其他函数之后，在主函数中不包含函数声明，再进行编译，分析编译结果。
④ 保留判断玫瑰花数的函数，修改主函数，实现在主函数中输出所有在 1000～9999 的玫瑰花数。
（2）编写一个函数，求字符串的长度，并编写主函数。
① 输入程序，编译和运行程序，分析结果。
② 分析函数声明中参数的写法，先后用以下两种形式。
第一种：函数声明中参数的写法与定义函数时的形式完全相同，如"int count(char str[]);"。
第二种：函数声明中参数的写法与定义函数时的形式基本相同，但省略数组名，如"int

count(char [ ]);"。

分别编译和运行,分析结果。

③ 判断如果随便指定数组大小是否可行,如"int count(char str[50]);"。

请上机试一试。

(3) 小猴子第一天摘下若干个桃子,当天吃掉一半,又多吃一个。第二天又将剩下的桃子吃一半,又多吃一个。以后每天吃前一天剩下的一半多一个。到第 10 天猴子想再吃时发现,只剩下一个桃子了。用递归法编写一个函数求第一天猴子共摘了多少个桃子?

① 输入程序,进行编译和运行,分析结果。

② 分析递归调用的形式和特点。

③ 如果不用递归方法,改用其他方法如何解决此问题,请上机试一下。

(4) 求一个正整数数组中所有奇数之和以及所有偶数之和。例如:数组中的值依次为 1、8、2、3、11、6,则奇数之和是 15,偶数之和是 16。要统计的数组在主函数中定义和输入,并在主函数中输出数组中的偶数之和与奇数之和。分别用以下两种方法编程并运行,分析并对比。

① 不用全局变量,分别用两个函数求奇数之和与偶数之和,通过函数返回值把两个值返回到主函数输出。

② 用全局变量的方法,用两个全局变量分别代表奇数之和与偶数之和。用一个函数求出数组中的所有奇数之和和偶数之和,赋给两个全局变量,在主函数中输出。

(5) 编写一个函数,实现从字符串中删除指定的字符,同一字母的大、小写按不同字符处理。字符串和字符都在主函数中输入,如果输入的字符在字符串中不存在,则字符串在主函数中原样输出;否则在主函数中输出删除该字符后的字符串。分别用以下两种方法编程并运行,分析并对比。

① 把两个函数放在同一程序文件中,作为一个文件进行编译和运行。

② 把两个函数分别放在两个程序文件中,作为两个文件进行编译、连接和运行。

(6) 从键盘输入一个班(全班最多不超过 30 人)学生某门课的成绩,当输入成绩为负值时,输入结束,分别用几个函数实现下列功能。

① 统计不及格人数并打印不及格学生名单。

② 统计成绩在全班平均分及平均分之上的学生人数,并打印这些学生的名单。

③ 统计各分数段的学生人数及所占的百分比。

实验 8 指 针

1. 实验目的

(1) 熟练掌握指针的指针变量的定义和使用。

(2) 掌握数组的指针和指向数组的指针变量的使用。

(3) 掌握字符串指针和指向字符串的指针变量的使用。

(4) 掌握使用指向函数的指针变量和函数指针的使用。

(5) 了解多重指针的概念及其使用方法。

2. 实验内容

(1) 编写一个函数 CheckPassword(char * password, char * username)，实现以下功能：如果字符串 password 包含字符串 username，则输出信息"密码包含用户名"，否则输出信息"密码不包含用户名"。

(2) 一个班有若干学生(人数不超过 30 人)，每名学生考 4 门课程，请用指针型函数实现以下功能。

① 输入所有学生 4 门课程成绩，获得成绩方式可用初始化或从键盘输入。
② 从键盘输入某一学生序号，能输出该学生的全部成绩，其中学生序号从 1 开始编号。
③ 计算该学生 4 门课程的平均分、最好成绩和最差成绩。

(3) 生成 12 个随机数，填充到一个 3 行 4 列的二维整型数组中，输出该数组的最大元素、最小元素和所有元素的平均值。

要求：用指向二维数组首地址的指针变量按二维数组排列方式处理二维数组元素。

(4) 编写程序：把字符串 IP 地址转换为十进制 IP 地址，并把 IP 地址的四段号码中第一段号码加 3，最后一段号码加 4 输出，从而实现简单的 IP 地址加密。如 IP 地址 192.168.1.6，经转换加密后输出为 195.168.1.10。

要求：在主函数中用字符型指针及函数实现以上功能。

实验 9　结构体、共用体和枚举类型

1. 实验目的

(1) 熟练掌握结构体变量的定义和使用。
(2) 熟练掌握结构体数组的定义和使用。
(3) 掌握通过指向结构体的指针访问结构体成员的方法。
(4) 了解链表的概念和基本操作。

2. 实验内容

(1) 编写程序，根据奥运会上各国获得的金牌、银牌、铜牌数目，实现以下功能。

① 获奖数据包括国家(char)、金牌(int)、银牌(int)、铜牌(int)和总数(int)共 5 项，现输入 N 个国家前 4 项数据(假设 N=3)。
② 根据公式：总数＝金牌＋银牌＋铜牌，计算各国获得的奖牌总数。
③ 输出各国获得的奖牌情况。
④ 根据总数计算这 N 个国家获得奖牌的平均数(int)，输出平均数及高于平均数的国家的奖牌信息。

要求：在主函数中用菜单操作方式实现以上各功能。

(2) 编写程序，用链表实现某个班学生成绩的管理，包括成绩表的建立、查找、插入、删除、输出五个基本操作。假设成绩表只含学号和成绩两项，当输入学号、成绩为"0 0"时，结束建立、查找、插入、删除各操作。各操作均用函数完成，内容要求如下。

① 建立单向动态链表，完成成绩表的建立。
② 按学号查找该生信息。
③ 插入一个节点。

④ 删除一个节点。
⑤ 输出链表内容。
其他扩展要求：① 可在主函数中实现查找、插入、删除多个节点。② 可在主函数中实现简易菜单操作。

实验 10 位 运 算

1. 实验目的
(1) 掌握位运算的概念和各位运算符的运算原则。
(2) 灵活运用各位运算实现一些操作。
2. 实验内容
(1) 编写程序,统计一个 32 位整数 n 的二进制形式中 1 的个数。
(2) 编写程序,检查所用的计算机系统的 C 语言编译系统在执行右移时是按照逻辑右移的原则还是算术右移的原则？如果是逻辑右移,请编写一函数实现算术右移,如果是算术右移,请编写一函数实现逻辑右移。
(3) 编写程序,从键盘上输入两个字符,存入变量 ch_a、ch_b 中,并按规则将其整合到一个整型变量中,要求将 ch_a 字符作为整型变量的高字节,ch_b 字符作为整型变量的低字节。

实验 11 文 件

1. 实验目的
(1) 掌握文件和文件指针的概念。
(2) 掌握文件的打开和关闭,以及文件读写等操作。
(3) 掌握文件的定位和检测函数的使用。
2. 实验内容
(1) 运行并调试程序
① 从键盘输入一段英文字符(遇"♯"结束),并将其写入 exp1.txt 文件中。

```c
#include<stdio.h>
#include<stdlib.h>
int main()
{
    char ch,filename[30];
    FILE * fp;
    printf("请输入文件名:");
    gets(filename);
    if((fp=fopen(filename,"w"))==NULL)
    {
        printf("文件打开错误!\n");
        exit(0);
```

```
        }
    while((ch=getchar())! ='#')
    fputc(ch,fp);
    printf("英文字符已成功写入 exp1.txt 文件!\n");
    fclose(fp);
    return 0;
}
```

② 从 exp1.txt 文件中读出字符,并显示在屏幕上。

```
#include<stdio.h>
#include<stdlib.h>
int main()
{
    char ch,filename[30];
    FILE * fp;
    printf("请输入文件名:");
    gets(filename);
    if((fp=fopen(filename,"r"))==NULL)
    {
        printf("文件打开错误!\n");
        exit(0);
    }
    while((ch=fgetc(fp))! =EOF)
     putchar(ch);
    putchar('\n');
    fclose(fp);
    return 0;
}
```

(2) 编程设计

设计一个简单的学生成绩管理程序,学生信息包括学号、姓名和 3 门课的成绩。学生成绩管理程序至少应提供如下功能。

① 录入学生成绩。

② 计算每名学生的平均成绩。

③ 按平均成绩排名次。

④ 统计补考人数。

⑤ 找出每门课中成绩最高者。

⑥ 退出。

要求:

① 在磁盘中保存学生成绩。

② 将每个功能定义成函数。

③ 提供菜单操作界面。

第 5 章 验证性实验参考程序

实验 1 参 考 程 序

2. 实验内容

(4) 输入以下 C 语言程序并上机调试运行。程序的功能是从随意输入的两个数中找出较大的数并输出,如输入 8 10,观察运行结果。

```c
#include<stdio.h>
int max(int a,int b);              /*函数声明*/
int main()                         /*主函数*/
{
  int x,y,z;                       /*变量说明*/
  printf("input two numbers:\n");
  scanf("%d%d",&x,&y);             /*输入 x、y 值*/
  z=max(x,y);                      /*调用 max()函数*/
  printf("max=%d\n",z);            /*输出*/
  return 0;
}
int max(int a,int b)               /*定义 max()函数*/
{
  if(a>b)
    return a;
  else
    return b;                      /*把结果返回主调函数*/
}
```

答:运行结果如下。

```
input two numbers:
8 10
max=10
```

实验 2 参 考 程 序

2. 实验内容

(1) 对于以下程序:

```
#include<stdio.h>
int main()
{ short a,b;
  a=32767;
  b=a+1;
  printf("%d, %d\n",a,b);
  return 0;
}
```

① 请分析该程序的输出是什么？

答：分析该程序的输出是 32767,32768。

② 输入并运行该程序,程序运行的结果是什么？

答：该程序运行的结果是 32767,－32768。

③ 试对比分析结果和程序的运行结果一样吗？如果不一样,为什么？

答：分析的结果和程序运行的结果不一样,因为变量 a、b 定义为短整型,其能表示的最大数为 32767,加 1 后超出短整型能表示的数值范围。

(2) 对于以下程序：

```
#include<stdio.h>
int main()
{ float a,b;
  a=1234567.89e5;
  b=a+30;
  printf("%f\n",b);
  return 0;
}
```

① 请分析该程序的输出是什么？

答：分析该程序的输出是 123456789030。

② 输入并运行该程序,程序运行的结果是什么？

答：该程序运行的结果是 1234567890558.000000

③ 试分析你的分析结果和程序运行的结果一样吗？如果不一样,为什么？

答：分析的结果和程序运行的结果不一样,因为变量 a、b 定义为单精度浮点型数据,其有效数字为 6～7 位,超过的位数已不能准确地表示该数。

(3) 输入以下程序：

```
#include<stdio.h>
int main()
{ char c1,c2;
  c1='a';
  c2='b';
  printf("%c%c\n",c1,c2);
  return 0;
}
```

① 运行此程序。

答：此程序的运行结果为 a b。

② 在上面 printf 语句下面再增加一个 printf 语句：

printf("%d %d\n",c1,c2);

再运行，并分析结果。

答：此程序的运行结果为 a b
      97　98。

③ 将第 3 行改为

int c1,c2;

再使之运行，并观察结果。

答：此程序的运行结果为 a b
      97　98。

④ 再将第 4、5 行改为

c1=a;　　　　　/*不用单撇号*/
c2=b;

再使之运行，分析其运行结果。

答：程序出错。a、b 不用单撇号表示两个内存变量，而程序中并没有定义这两个变量，所以不能这样赋值。

⑤ 再将第 4、5 行改为

c1="a";　　　　　/*用双撇号*/
c2="b";

再使之运行，分析其运行结果。

答：程序出错。a、b 用双撇号不是表示字符常量，所以不能这样赋值。

⑥ 再将第 4、5 行改为

c1=300;　　　　　/*用大于 255 的整数*/
c2=400;

再使之运行，分析其运行结果。

答：程序出错。字符型数据和整型数据在一定条件下通用，这个条件是指在 ASCII 码的范围内，"c1=300;c2=400;"这样的赋值代码已经超出了这个范围。

(4) 求解如下表达式的值，试分析运行结果并编程验证，看自己的分析是否正确。

① x+a%3*(int)(x+y)%2/4，其中 x=2.5,a=7,y=4.7。

分析运行结果为　2.75　。

编程运行结果为　2.5　。

如果结果不一致，试分析其原因。

答：在 C 语言中，两个整数相除，结果是一个整数，所以上面表达式中的 1/4，结果是 0，而不是 0.25。

② (float)(a+b)/2+(int)x%(int)y,其中 a=2,b=3,x=3.5,y=2.5。

分析运行结果为 __3__ 。

编程运行结果为 __3.5__ 。

如果结果不一致,试分析其原因。

答：在 C 语言中,两个整数相除,结果是一个整数,上面表达式中的(a+b)结果虽然是整数,但前面有一个(float),所以把整型转换成了浮点型,即 5.0/2+3%2=2.5+1=3.5。

(5) 对于以下程序：

```
#include<stdio.h>
int main()
{ char c1='a',c2='b',c3='c',c4='\101',c5='\116';
  printf("a%c b%c\tc %c\tabc\\n",c1,c2,c3);
  printf("\t\b%c%c\n",c4,c5);
  return 0;
}
```

① 分析该程序的输出是什么？

答：略(可能有多种)。

② 输入并运行该程序,程序的运行结果是什么？

答：程序运行结果是 aa bb   c c   abc\nAN。

③ 试分析你的分析结果和运行结果一样吗？如果不一样,为什么？

答："c4='\101',c5='\116';"语句中的 101 和 116 为八进制数,转换成十进制数分别为 65 和 78,所以'\101'表示字符 A,'\116'表示字符 N。"printf("a%c b%c\tc %c\tabc\\n",c1,c2,c3);"输出语句中的 3 个%c 表示输出对应的 3 个字符：a,b,c,"\t"表示横向跳格的转义字符,"\\"表示输出一个"\"字符,其他按照原字符输出。"printf("\t\b%c%c\n",c4,c5);"输出语句中"\t"表示横向跳格,"\b"表示退格。

(6) 输入并运行下面的程序：

```
#include<stdio.h>
int main()
{ int a,b;
  unsigned c,d;
  long e,f;
  a=100;
  b=-100;
  e=50000;
  f=32767;
  c=a;
  d=b;
  printf("%d,%d\n",a,b);
  printf("%u,%u\n",a,b);
  printf("%u,%u\n",c,d);
  c=a=e;
  d=b=f;
```

```
      printf("%d,%d\n",a,b);
      printf("%u,%u\n",c,d);
      return 0;
}
```

请对照程序和运行结果分析：

① 将一个负整数赋给一个无符号的变量,会得到什么结果？

答：不能得到原来无符号变量的值。

② 将一个大于 32 767 的长整数赋给整型变量(假定所用的 C 语言系统分配给整型变量 2 字节),会得到什么结果？

答：将一个大于 32 767 的长整数赋值给整型变量,会造成溢出,数据丢失。

③ 将一个长整数赋给无符号变量,会得到什么结果(分别考虑长整数的值大于或等于 65 535 和小于 65 535 的情况)。

答：可能会溢出,也可能正常。

(7) 输入以下程序：

```
#include<stdio.h>
int main()
{ int i,j,m,n;
  i=8;
  j=10;
  m=++i;
  n=j++;
  printf("%d,%d,%d,%d\n",i,j,m,n);
  return 0;
}
```

运行程序,注意 i、j、m、n 各变量的值,分别做以下改动后再分析 i、j、m、n 各变量值的变化情况。

① 将第 6、7 行改为

```
m=i++;
n=++j;
```

再运行。

② 程序改为

```
#include<stdio.h>
int main()
{ int i,j;
  i=8;
  j=10;
  printf("%d,%d\n",i++,j++);
  return 0;
}
```

③ 在②的基础上,将 printf 语句改为

```
printf("%d,%d\n",++i,++j);
```

④ 再将 printf 语句改为

```
printf("%d,%d,%d,%d\n",i,j,i++,j++);
```

⑤ 程序改为

```c
#include<stdio.h>
int main()
{ int i,j,m=0,n=0;
  i=8;
  j=10;
  m+=i++;n-=--j;
  printf("i=%d,j=%d,m=%d,n=%d\n",i,j,m,n);
  return 0;
}
```

答:以上程序结果的不同是由于自增或自减运算符引起的。自增或自减运算时,可以先将它们从源程序中取出来,如果++或--在后,则先把值放回去,然后再自增或自减;如果++或--在前,则先自增或自减,然后再把结果放进去。

实验 3 参 考 程 序

2. 实验内容

(1) 编写程序,把 560 分钟换算成用小时和分钟表示,然后输出。

答:编写程序如下。

```c
#include "stdio.h"
int main()
{ int a=560,b=60,c,d;
  c=a/b;
  d=a%b;
  printf("560 分钟=%d 小时%d 分钟",c,d);
}
```

运行结果:

560 分钟=9 小时 20 分钟

(2) 编写程序,读入 3 个双精度数,求出它们的平均值并保留此平均值小数点后一位数,对小数点后的第二位数进行四舍五入,最后输出结果。

答:编写程序如下。

```c
#include "stdio.h"
int main()
```

```
{ double a,b,c,ave;
  printf("Enter three numbers:");
  scanf("%lf%lf%lf",&a,&b,&c);
  ave=(a+b+c)/3;
  printf("(1)ave=%f\n",ave);
  ave=(int)(ave*10+0.5)/10.0;
  printf("(2)ave=%f\n",ave);
}
```

运行结果：

Enter three numbers: 5.7 3.9 8.6
(1) ave=6.066667
(2) ave=6.100000

实验4 参 考 程 序

2. 实验内容

（1）编写一个程序，当给 x 输入小于 1 的数时，输出 x－1 的值；当给 x 输入大于或等于 1 且小于 10 的数时，输出 2(x－1)的值；当给 x 输入大于或等于 10 的数时，输出 3x－10 的值。用数学形式可以表示为：

$$y=\begin{cases} x-1 & x<1 \\ 2(x-1) & 1\leqslant x<0 \\ 3x-10 & x\geqslant 10 \end{cases}$$

答：编写程序如下。

```
#include<stdio.h>
int main()
{
    float x,y;
    scanf("%f",&x);
    if(x<1)
        y=x-1;
    else
        if(x>1&&x<10)
            y=2*(x-1);
        else
            y=3*x-10;
    printf("%f\n",y);
```

运行结果：

100
290.000000

（2）输入一个不多于 3 位数的正整数，编写程序实现下面的要求：

① 判断这个数是几位数。
② 分别输出这个数的每位数。
③ 按照输入的数的逆序输出另外一个数。如输入123,输出321。

答：编写程序如下。

```c
#include<stdio.h>
int main()
{
    int num;
    int indiv,ten,hundred,place;
    printf("请输入一个整数(0~999)：");
    scanf("%d",&num);
    if(num>99)
        place=3;
    else
        if(num>9)
            place=2;
        else
            place=1;
    printf("位数：%d\n",place);
    printf("每位数字为：");
    hundred=(int)num/100;
    ten=(int)(num-hundred*100)/10;
    indiv=(int)(num-hundred*100-ten*10);
    switch(place)
    {
        case 3:printf("%d,%d,%d\n",hundred,ten,indiv);
            printf("逆序输出的数字为：");
            printf("%d\n",indiv*100+ten*10+hundred);
            break;
        case 2:printf("%d,%d\n",ten,indiv);
            printf("逆序输出的数字为：");
            printf("%d\n",indiv*10+ten);
            break;
        case 1:printf("%d\n",indiv);
            printf("逆序输出的数字为：");
            printf("%d\n",indiv);
            break;
    }
}
```

运行结果：

请输入一个整数(0~999)：123
位数：3
每位数字为：1,2,3

逆序输出的数字为：321

（3）某企业发放的年终奖金根据企业的年度利润分段提成计算。年度利润小于或等于 10 万元部分，可以按照 10％提取年终奖金；年度利润大于 10 万元且小于或等于 20 万元部分，可以按照 7.5％提取年终奖金；年度利润大于 20 万元且小于或等于 40 万元部分，可以按照 5％提取年终奖金；年度利润大于 40 万元且小于或等于 60 万元部分，可以按照 3％提取年终奖金；年度利润大于 60 万元且小于或等于 100 万元部分，可以按照 1.5％提取年终奖金；超过 100 万元部分按照 1.5％提取年度奖金。分别用 if 语句和 switch 语句编写程序，输入年度利润总数，输出年终奖金总数。

答：
① 用 if 语句编写程序如下。

```c
#include<stdio.h>
void main()
{
    long double i;
    double b,b1,b2,b4,b6,b10;
    b1=100000*0.1;
    b2=b1+100000*0.075;
    b4=b2+200000*0.05;
    b6=b4+200000*0.03;
    b10=b6+400000*0.015;
    printf("请输入利润 i: ");
    scanf("%lf",&i);
    if(i<=100000)
        b=i*0.1;
    else
        if(i<=200000)
            b=b1+(i-100000)*0.075;
        else
            if(i<=400000)
                b=b2+(i-200000)*0.05;
            else
                if(i<=600000)
                    b=b4+(i-400000)*0.03;
                else
                    if(i<=1000000)
                        b=b6+(1-600000)*0.015;
                    else
                        b=b10+(i-1000000)*0.1;
    printf("奖金是：%10.2f\n",b);
}
```

运行结果：

请输入利润 i: 200000

奖金是：17500.00

② 用 switch 语句编写程序如下。

```
#include<stdio.h>
void main()
{
    long int i;
    double b,b1,b2,b4,b6,b10;
    int t;
    b1=100000 * 0.1;
    b2=b1+100000 * 0.075;
    b4=b2+200000 * 0.05;
    b6=b4+200000 * 0.03;
    b10=b6+400000 * 0.015;
    printf("请输入利润 i: ");
    scanf("%ld",&i);
    t=i/100000;
    if(t>10)
        t=10;
    switch(t)
    {
        case 0:b=i * 0.1; break;
        case 1:b=b1+(i-100000) * 0.075; break;
        case 2:
        case 3:b=b2+(i-200000) * 0.05; break;
        case 4:
        case 5:b=b4+(i-400000) * 0.03; break;
        case 6:
        case 7:
        case 8:
        case 9:b=b6+(i-600000) * 0.015; break;
        case 10:b=b10+(i-1000000) * 0.01; break;
    }
    printf("奖金是: %10.2f\n",b);
}
```

运行结果：

请输入利润 i: 200000
奖金是：17500.00

(4) 根据有关数据统计分析，某个人成年时的身高与其性别有关，并且还与其父亲的身高和母亲的身高有关，最后还与是否经常参加体育锻炼和是否有良好的卫生饮食习惯有关。

身高预测公式如下：

男性成年后时的身高＝(父亲的身高＋母亲的身高)×0.54(厘米)

女性成年后时的身高＝(父亲的身高×0.923＋母亲的身高)/2(厘米)

另外,如果经常参加体育锻炼,那么身高可以增加2%;如果有良好的卫生饮食习惯,那么身高可以增加1.5%。编写程序输入性别(用字符F表示女性,M表示男性)、父母的身高(单位为厘米)、是否经常参加体育锻炼(用字符Y表示是,用N表示否)、是否有良好的卫生饮食习惯(用字符Y表示是,用N表示否),根据公式预测某个人成年后的身高。

答:编写程序如下。

```c
#include<stdio.h>
int main()
{
    char s,m,h;
    float fh,mh,sh;
    printf("请输入你的性别,F表示女性,M表示男性: ");
    scanf("%c",&s);
    printf("请输入父亲的身高(厘米): ");
    scanf("%f",&fh);
    printf("请输入母亲的身高(厘米): ");
    scanf("%f",&mh);
    printf("你是否经常参加体育锻炼,Y表示是,N表示否: ");
    scanf("%*c%c",&m);
    printf("你是否有良好的卫生饮食习惯,Y表示是,N表示否: ");
    scanf("%*c%c",&h);
    if(s=='F')
        sh=(fh*0.923+mh)/2;
    if(s=='M')
        sh=(fh+mh)*0.54;
    if(m=='Y')
        sh=sh*(1+0.02);
    if(h=='Y')
        sh=sh*(1+0.015);
    printf("你的预测身高为(厘米): %f\n",sh);
}
```

运行结果:

请输入你的性别,F表示女性,M表示男性: F
请输入父亲的身高(厘米): 175
请输入母亲的身高(厘米): 165
你是否经常参加体育锻炼,Y表示是,N表示否: Y
你是否有良好的卫生饮食习惯,Y表示是,N表示否: Y
你的预测身高为(厘米): 169.025650

(5) 根据从键盘上输入的表达式:操作数运算符操作数(输入时中间可以不用空格,运算符为+、-、*、/,分别进行加、减、乘、除运算),用switch语句编写一个简单的计算器程序。

答:编写程序如下。

```
#include<stdio.h>
int main()
{
    char p;
    float p1,p2,r;
    printf("请输入表达式,中间不要使用空格: ");
    scanf("%f%c%f",&p1,&p,&p2);
    switch(p)
    {
        case '+':r=p1+p2;break;
        case '-':r=p1-p2;break;
        case '*':r=p1*p2;break;
        case '/':r=p1/p2;break;
        default: printf("输入有误!");
    }
    printf("%f%c%f=%f\n",p1,p,p2,r);
}
```

运行结果：

请输入表达式,中间不要使用空格：4*8
4.000000*8.000000=32.000000

实验 5　参 考 程 序

2. 实验内容

(1) 输入一个正整数 n,编程计算 n!的值。

答：编写程序如下。

```
#include<stdio.h>
int main()
{
    long int i,n,s=1;
    printf("请输入 n 的值: ");
    scanf("%d",&n);
    for(i=1;i<=n;i++)
    s=s*i;
    printf("%d! =%d\n",n,s);
}
```

运行结果：

请输入 n 的值：6
6!=720

(2) 利用泰勒级数 $e=1+\dfrac{1}{1!}+\dfrac{1}{2!}+\dfrac{1}{3!}+\cdots+\dfrac{1}{n!}$ 计算 e 的近似值,当最后一项的值小于

10^{-5} 时认为达到了精度要求。要求编程统计共累加了多少项。

答：编写程序如下。

```
#include<stdio.h>
int main()
{
    int n=1, count=1;
    double e=1.0, term=1.0;
    long int fac=1;
    for(n=1;term>=1e-5;n++)
    {
        fac=fac*n;
        term=1.0/fac;
        e=e+term;
        count++;
    }
    printf("e=%f,累加项：%d\n",e,count);
}
```

运行结果：

e=2.718282,累加项：10

（3）编程解决爱因斯坦数学题。爱因斯坦曾出过这样一道数学题：有一条长阶梯，若每步跨 2 阶，最后剩下 1 阶；若每步跨 3 阶，最后剩下 2 阶；若每步跨 5 阶，最后剩下 4 阶；若每步跨 6 阶，最后剩下 5 阶；只有每步跨 7 阶，最后才正好 1 阶不剩。请问，这条阶梯共有多少阶？

答：编写程序如下。

```
#include<stdio.h>
int main()
{
    int x=0;
    do
    {
        x++;
    }while(!(x%2==1 && x%3==2 && x%5==4 && x%6==5 && x%7==0));
    printf("这条阶梯共有%d阶。\n", x);
}
```

运行结果：

这条阶梯共有 119 阶。

（4）利用 C 语言编写程序，给学生出加法运算题，然后判断学生输入的答案对错与否，按下列要求以循序渐进的方式编程。

程序 1 通过输入两个加数给学生出一道加法运算题，如果输入答案正确，则显示"正确!",否则显示"错误!",程序结束。

答:编写程序如下。

```
#include<stdio.h>
int main()
{
    int a,b,answer;
    printf("请输入第一个数 a=");
    scanf("%d",&a);
    printf("请输入第二个数 b=");
    scanf("%d",&b);
    printf("%d+%d=",a,b);
    scanf("%d",&answer);
    if(a+b==answer)
        printf("正确!\n");
    else
        printf("错误!\n");
}
```

运行结果:

请输入第一个数 a=5
请输入第二个数 b=6
5+6=12
错误!

程序 2 通过输入两个加数给学生出一道加法运算题,如果输入答案正确,则显示"正确!",否则显示"错误!请再尝试一次!",直到做对为止。

答:编写程序如下。

```
#include<stdio.h>
int main()
{
    int a,b,answer;
    printf("请输入第一个数 a=");
    scanf("%d",&a);
    printf("请输入第二个数 b=");
    scanf("%d",&b);
    printf("%d+%d=",a,b);
    scanf("%d",&answer);
    if(answer==(a+b))
        printf("正确!\n");
    else
    {
        do
        { printf("错误!请再尝试一次。\n");
          printf("%d+%d=",a,b);
```

```
        scanf("%d",&answer);
    }while(answer!=(a+b));
    printf("正确!\n");
  }
}
```

运行结果:

请输入第一个数 a=5
请输入第二个数 b=6
5+6=12
错误!请再尝试一次。
5+6=13
错误!请再尝试一次。
5+6=9
错误!请再尝试一次。
5+6=14
错误!请再尝试一次。
5+6=11
正确!

程序 3　通过输入两个加数给学生出一道加法运算题,如果输入答案正确,则显示"正确!",否则提示重做,显示"错误!请再尝试一次!",最多再给三次机会,如果三次仍未做对,则显示"错误!你已经尝试了三次。测试结束。",程序结束。

答:编写程序如下。

```
#include<stdio.h>
int main()
{
    int a,b,i=1,answer;
    printf("请输入第一个数 a=");
    scanf("%d",&a);
    printf("请输入第二个数 b=");
    scanf("%d",&b);
    while(i<=4)
    {
        printf("%d+%d=",a,b);
        scanf("%d",&answer);
        if(answer==(a+b))
        {
            printf("正确!\n");
            break;
        }
        else
            i=i+1;
        if(i==5)
            printf("错误!你已经再尝试了三次。测试结束。\n");
```

```
        else
            printf("错误!请再尝试一次。\n");
    }
}
```

运行结果：

请输入第一个数 a=5
请输入第二个数 b=6
5+6=12
错误!请再尝试一次。
5+6=13
错误!请再尝试一次。
5+6=14
错误!请再尝试一次。
5+6=15
错误!你已经再尝试了三次。测试结束。

程序 4 连续做 10 道题，通过计算机随机产生两个 1～10 的加数给学生出一道加法运算题，如果输入答案正确，则显示"正确!"，否则显示"错误!"，不给机会重做，10 道题做完后，按每题 10 分统计总得分，然后打印出总分和错误题总数。

答：编写程序如下。

```
#include<stdio.h>
#include<stdlib.h>
#include<time.h>
int main()
{
    int a,b,answer,error,score,i;
    srand(time(NULL));
    error=0;
    score=0;
    for(i=0;i<10;i++)
    {
        a=rand()%10+1;
        b=rand()%10+1;
        printf("%d+%d=",a,b);
        scanf("%d",&answer);
        if(answer==(a+b))
        {
            score=score+10;
            printf("正确!\n");
        }
        else
        {
            error=error+1;
            printf("错误!\n");
```

```
        }
    }
    printf("总分=%d,错误题总数=%d\n",score,error);
}
```

运行结果：

7+9=16
正确！
5+10=15
正确！
1+2=3
正确！
9+7=16
正确！
8+3=6
错误！
7+3=10
正确！
9+2=11
正确！
6+9=15
正确！
2+10=12
正确！
3+2=5
正确！
总分=90,错误题总数=1

程序 5 通过计算机随机产生 10 道加减运算题，两个操作数为 1～10 的随机数，运算类型为随机产生的加、减运算中的一种，如果输入答案正确，则显示"正确！"，否则显示"错误！"，不给机会重做，10 道题做完后，按每题 10 分统计总得分，然后打印出总分和错误题总数。

答：编写程序如下。

```
#include<stdio.h>
#include<stdlib.h>
#include<time.h>
int main()
{
    int a,b,op,answer,result,error,score,i;
    srand(time(NULL));
    error=0;
    score=0;
    for(i=0;i<10;i++)
    {
```

```
            a=rand()%10+1;
            b=rand()%10+1;
            op=rand()%2+1;
            switch(op)
            {
              case 1:printf("%d+%d=",a,b);
                    result=a+b;
                    break;
              case 2:printf("%d-%d=",a,b);
                    result=a-b;
                    break;
              default: printf("非法运算!\n");
                    break;
            }
            scanf("%d",&answer);
            if(answer==result)
            {
              score=score+10;
              printf("正确!\n");
            }
            else
            {
              error=error+1;
              printf("错误!\n");
            }
        }
        printf("总分=%d,错误题总数=%d\n",score,error);
    }
```

运行结果：

2-5=3
错误!
7+3=10
正确!
1-6=-5
正确!
2+3=5
正确!
10+7=17
正确!
5+3=8
正确!
4-3=1
正确!
4+1=5

正确!
6+3=9
正确!
8+9=17
正确!
总分=90,错误题总数=1

【思考题】 如果要求将整数之间的四则运算题改为实数之间的四则运算题,那么程序该如何修改呢?如果程序 5 要能进行加、减、乘、整除中的任意一种运算,又应该如何修改呢?

答:如果要求将整数之间的四则运算题改为实数之间的四则运算题,则需要将变量定义为 float;如果程序 5 要能进行加、减、乘、除中的任意一种运算,则需要再产生一个随机数,范围为 1~4,分别代表对应的加、减、乘、除中的一种运算。

实验6 参 考 程 序

2. 实验内容

(1) 编写程序,输出杨辉三角。

答:编写程序如下。

```c
#include<stdio.h>
int main()
{
    int i,j;
    int a[10][10];
    printf("\n");
    for(i=0;i<10;i++)
        {
        a[i][0]=1;
        a[i][i]=1;
        }
    for(i=2;i<10;i++)
        for(j=1;j<i;j++)
            a[i][j]=a[i-1][j-1]+a[i-1][j];
    for(i=0;i<10;i++)
    {
        for(j=0;j<=i;j++)
            printf("%5d",a[i][j]);
        printf("\n");
    }
    return 0;
}
```

运行结果:

```
1
1   1
1   2   1
1   3   3   1
1   4   6   4   1
1   5  10  10   5   1
1   6  15  20  15   6   1
1   7  21  35  35  21   7   1
1   8  28  56  70  56  28   8   1
1   9  36  84 126 126  84  36   9   1
```

(2) 编写程序，将一个二维数组的行元素和列元素互换，存到另一个二维数组中。

答：编写程序如下。

```c
#include<stdio.h>
int main()
{
    int a[2][3]={{1,2,3},{4,5,6}};
    int b[3][2],i,j;
    printf("array a:\n");
    for(i=0;i<=1;i++)
    {
        for(j=0;j<=2;j++)
        {
            printf("%5d",a[i][j]);
            b[j][i]=a[i][j];
        }
        printf("\n");
    }
    printf("array b:\n");
    for(i=0;i<=2;i++)
    {
        for(j=0;j<=1;j++)
        {
            printf("%4d",b[i][j]);
        }
        printf("\n");
    }
    return 0;
}
```

运行结果：

```
array a:
    1    2    3
    4    5    6
array b:
```

1   4
2   5
3   6

实验7 参考程序

1. 实验内容

(1) 编写一个函数,判断某一个4位正整数是不是玫瑰花数(玫瑰花数即该4位数各位数字的4次方和恰好等于该数本身,如:$1634=1^4+6^4+3^4+4^4$)。在主函数中从键盘任意输入一个4位数,调用该函数,判断该数是否为玫瑰花数,若是则在主函数中输出yes,否则输出no。

要求所编写的程序,主函数的位置在其他函数之前,在主函数中对其所调用的函数进行声明。进行以下工作。

① 输入自己编写的程序,编译和运行程序,分析结果。

② 将主函数的函数声明删掉,再进行编译,分析编译结果。

③ 把主函数的位置改为在其他函数之后,在主函数中不包含函数声明,再进行编译,分析编译结果。

答:编写程序如下。

```
#include<stdio.h>
int main()
{   int rose(int n);
    int x;
    printf("Please entry x:");
    scanf("%d",&x);
    if(rose(x))
        printf("yes\n");
    else
        printf("no\n");
    return 0;
}
int rose(int n)
{   int g,s,b,q;
    g=n%10;
    s=n/10%10;
    b=n/100%10;
    q=n/1000;
    if(g*g*g*g+s*s*s*s+b*b*b*b+q*q*q*q==n)
        return 1;
    else
        return 0;
}
```

运行结果：

Please entry x:5631
no

或

Please entry x:1634
yes

④ 保留判断玫瑰花数的函数，修改主函数，实现在主函数中输出所有在1000～9999的玫瑰花数。

答：编写程序如下。

```
#include<stdio.h>
int main()
{   int rose(int n);
    int i;
    printf("1000~9999的玫瑰花数有:");
    for(i=1000;i<=9999;i++)
        if(rose(i))
            printf("%6d",i);
    printf("\n");
    return 0;
}
int rose(int n)
{   int g,s,b,q;

    g=n%10;
    s=n/10%10;
    b=n/100%10;
    q=n/1000;
    if(g*g*g+s*s*s+b*b*b+q*q*q==n)
        return 1;
    else
        return 0;
}
```

运行结果：

1000~9999的玫瑰花数有：1634 8208 9474

(2) 编写一个函数，求字符串的长度，并编写主函数。

① 输入程序，编译和运行程序，分析结果。

② 分析函数声明中参数的写法，先后用以下两种形式：

第一种：函数声明中参数的写法与定义函数时的形式完全相同，如"int count(char str[]);"。

第二种：函数声明中参数的写法与定义函数时的形式基本相同，但省略数组名。如"int count(char [ ]);"。

分别编译和运行，分析结果。

③ 判断如果随便指定数组大小是否可行，如"int count(char str[50]);"。

答：编写程序如下。

```
#include<stdio.h>
int count( char str[] )
{   int i;
    for( i=0;str[i]!='\0';i++);
        return i;
}

int main()
{   char str[50];
    int length;
    printf("input the string:");
    gets(str);
    length=count(str);
    printf("The length of string is %d .\n",length);
    return 0;
}
```

运行结果：

input the string:I am a boy.
The length of string is 11.

(3) 小猴子第一天摘下若干桃子，当天吃掉一半，又多吃一个。第二天又将剩下的桃子吃一半，又多吃一个。以后每天吃前一天剩下的一半多一个。到第 10 天猴子想再吃时发现，只剩下一个桃子了。用递归法编写一个函数求第一天猴子共摘了多少个桃子。

① 输入程序，进行编译和运行，分析结果。

② 分析递归调用的形式和特点。

答：编写程序如下。

```
#include<stdio.h>
int main()
{   int tao(int n);
    printf("tao=%d\n",tao(1));
    return 0;
}

int tao(int n)
{   int y=0;
    if(n==10)
        y=1;
```

```
        else
            y=(tao(n+1)+1) * 2;
        return y;
}
```

运行结果:

tao=1534

③ 如果不用递归方法,改用其他方法如何解决此问题,请上机试一下。
答:编写程序如下。

```
#include<stdio.h>
int main()
{ int i,n=1;           //n 表示每天的桃子数,初值是第十天的桃子数
    for(i=9;i>0;i--)
        n=(n+1) * 2;
    printf("第一天摘了%d 个桃子\n",n);
    return 0;
}
```

运行结果:

第一天摘了 1534 个桃子

(4) 求一个正整数数组中所有奇数之和以及所有偶数之和。例如:数组中的值依次为 1、8、2、3、11、6,则奇数之和是 15,偶数之和是 16。要统计的数组在主函数中定义和输入,并在主函数中输出数组中的偶数之和与奇数之和。分别用以下两种方法编程并运行,分析并对比。

① 不用全局变量,分别用两个函数求奇数之和与偶数之和,通过函数返回值把两个值返回到主函数输出。
答:编写程序如下。

```
#include<stdio.h>
int main()
{   int odd(int a[],int n);
    int even(int a[],int n);
    int a[10],i;
    printf("Please enter array a:\n");
    for(i=0;i<10;i++)
    {  printf("a[%d]:",i);
       scanf("%d",&a[i]);
    }
    printf("数组 a 中的奇数和是:%d\n",odd(a,10));
    printf("数组 a 中的偶数和是:%d\n",even(a,10));
    return 0;
}
int odd(int a[],int n)
```

```
{
    int i,sum=0;
    for(i=0;i<n;i++)
        if(a[i]%2!=0)
            sum=sum+a[i];
    return sum;
}

int even(int a[],int n)
{
    int i,sum=0;
    for(i=0;i<n;i++)
        if(a[i]%2==0)
            sum=sum+a[i];
    return sum;
}
```

运行结果：

```
Please enter array a:
a[0]:2
a[1]:5
a[2]:9
a[3]:10
a[4]:6
a[5]:7
a[6]:4
a[7]:12
a[8]:3
a[9]:0
数组 a 中的奇数和是：24
数组 a 中的偶数和是：34
```

② 用全局变量的方法，用两个全局变量分别代表奇数之和与偶数之和。用一个函数求出数组中的所有奇数之和和偶数之和，赋值给两个全局变量，在主函数中输出。

答：编写程序如下。

```
#include<stdio.h>
int Odd=0,Even=0;

int main()
{   void f1(int a[],int n);
    int a[10],i;
    printf("Please enter array a:\n");
    for(i=0;i<10;i++)
    {
```

```
        printf("a[%d]:",i);
        scanf("%d",&a[i]);
    }
    f1(a,10);
    printf("数组 a 中的奇数和是:%d\n",Odd);
    printf("数组 a 中的偶数和是:%d\n",Even);
    return 0;
}

void f1(int a[],int n)
{   int i;
    for(i=0;i<n;i++)
        if(a[i]%2!=0)
            Odd=Odd+a[i];
        else
            Even=Even+a[i];
}
```

运行结果：

```
Please enter array a:
a[0]:2
a[1]:5
a[2]:9
a[3]:10
a[4]:6
a[5]:7
a[6]:4
a[7]:12
a[8]:3
a[9]:0
数组 a 中的奇数和是: 24
数组 a 中的偶数和是: 34
```

（5）编写一个函数，实现从字符串中删除指定的字符，同一字母的大、小写按不同字符处理。字符串和字符都在主函数中输入，如果输入的字符在字符串中不存在，则字符串在主函数中原样输出；否则在主函数中输出删除该字符后的字符串。分别用以下两种方法编程并运行，分析并对比。

① 把两个函数放在同一程序文件中，作为一个文件进行编译和运行。

答：编写程序如下。

```
#include<stdio.h>
int delete_string(char s[],int c)
{    int i,k=0;
    for(i=0;s[i]!='\0';i++)
        if(s[i]!=c)
```

```
        s[k++]=s[i];
    s[k]='\0';
}

int main()
{   char str[80], ch;
    printf("Please enter string:");
    gets(str);
    printf("Please enter ch:");
    scanf("%c",&ch);
    delete_string (str,ch);
    printf("删除字符后的字符串是:%s\n",str);
    return 0;
}
```

运行结果：

```
Please enter string:this is c program
Please enter ch:i
删除字符后的字符串是: ths s c program
```

② 把两个函数分别放在两个程序文件中，作为两个文件进行编译、连接和运行。

答：编写程序如下。

文件 f1.c：

```
#include<stdio.h>
int delete_string(char s[],int c);

int main()
{
    char str[80], ch;
    printf("Please enter string:");
    gets(str);
    printf("Please enter ch:");
    scanf("%c",&ch);
    delete_string (str,ch);
    printf("删除字符后的字符串是:%s\n",str);
    return 0;
}
```

文件 f2.c：

```
int delete_string(char s[],int c)
{
    int i,k=0;
    for(i=0;s[i]!='\0';i++)
        if(s[i]!=c)
            s[k++]=s[i];
```

```
            s[k]='\0';
    }
```

运行结果：

Please enter string:this is a boy.
Please enter ch:s
删除字符后的字符串是: thi i a boy

(6) 从键盘输入一个班（全班最多不超过 30 人）学生某门课的成绩，当输入成绩为负值时，输入结束，分别用几个函数实现下列功能。

① 统计不及格人数并打印不及格学生名单。
② 统计成绩在全班平均分及平均分之上的学生人数，并打印这些学生的名单。
③ 统计各分数段的学生人数及所占的百分比。

答：编写程序如下。

```
#include<stdio.h>
#define ARR_SIZE 30

int ReadScore(int num[], float score[]);
int GetFail(int num[], float score[], int n);
float GetAver(float score[], int n);
int GetAboveAver(int num[], float score[], int n);
void GetDetail(float score[], int n);

int main()
{   int n, fail, aboveAver;
    float score[ARR_SIZE];
    int num[ARR_SIZE];
    printf("Please enter num and score until score<0:\n");
    n=ReadScore(num, score);
    printf("Total students:%d\n", n);
    fail=GetFail(num, score, n);
    printf("Fail students=%d\n",fail);
    aboveAver=GetAboveAver(num, score, n);
    printf("Above aver students=%d\n", aboveAver);
    GetDetail(score, n);
    return 0;
}
/* 函数功能：从键盘输入一个班学生某门课的成绩及其学号，当输入成绩为负值时，输入结束 */
int ReadScore(int num[], float score[])
//数组 num 存放学生学号，数组 score 存放学生成绩
{   int i=0;
    scanf("%d%f", &num[i], &score[i]);
    while(score[i]>=0)
    {   i++;
```

```c
        scanf("%d%f", &num[i], &score[i]);
    }
    return i;      //返回学生总数
}
/* 函数功能：统计不及格人数并打印不及格学生名单 */
int GetFail(int num[], float score[], int n)
//数组num存放学号,数组score存放学生成绩,n存放学生总数
{   int i, count;
    printf("Fail:\nnumber--score\n");
    count=0;
    for(i=0; i<n; i++)
    {   if(score[i]<60)
        {   printf("%d------%.0f\n", num[i], score[i]);
            count++;
        }
    }
    return count;    //返回不及格人数
}
/* 函数功能：计算全班平均分 */
float GetAver(float score[], int n)
//数组score存放学生成绩,变量n存放学生总数
{   int i;
    float sum=0;
    for(i=0; i<n; i++)
    {
        sum=sum+score[i];
    }
    return sum/n;         //返回全班平均分
}
/* 函数功能：统计成绩在全班平均分及平均分之上的学生人数并打印其学生名单 */
int GetAboveAver(int num[], float score[], int n)
//num存放学号,score存放学生成绩,n存放学生总数
{   int i, count;
    float aver;
    aver=GetAver(score, n);
    printf("aver=%f\n", aver);
    printf("Above aver:\nnumber---score\n");
    count=0;
    for(i=0; i<n; i++)
    {   if(score[i]>=aver)
        {   printf("%d--------%.0f\n", num[i], score[i]);
            count++;
        }
    }
    return count;       //返回成绩在全班平均分及平均分之上的学生人数
```

```c
}
/* 函数功能：统计各分数段的学生人数及所占的百分比 */
void GetDetail(float score[], int n)    //数组score存放学生成绩,变量n存放学生总数
{   int i, j, stu[6];
    for(i=0; i<6; i++)
    {
        stu[i]=0;
    }
    for(i=0; i<n; i++)
    {   if(score[i]<60)
        {
            j=0;
        }
        else
        {
            j=((int)score[i]-50) / 10;
        }
        stu[j]++;
    }
    for(i=0; i<6; i++)
    {   if(i==0)
        {   printf("<60    %d   %.2f%%\n", stu[i],
                (float)stu[i]/(float)n * 100);
        }
        else if(i==5)
        {   printf("   %d   %d   %.2f%%\n", (i+5) * 10, stu[i],
                (float)stu[i]/(float)n * 100);
        }
        else
        {   printf("%d--%d   %d   %.2f%%\n", (i+5) * 10, (i+5) * 10+9,
                stu[i],(float)stu[i]/(float)n * 100);
        }
    }
}
```

运行结果：

```
Please enter num and score until score< 0:
1 100
2 85
3 40
4 -5
Total students:3
Fail:
number--score
3------40
```

```
Fail students=1
aver=75.000000
Above aver:
number--score
1------100
2------85
Above aver students=2
<  60    1   33.33%
60--69   0   0.00%
70--79   0   0.00%
80--89   1   33.33%
90--99   0   0.00%
   100   1   33.33%
```

实验 8 参 考 程 序

2. 实验内容

（1）编写一个函数 CheckPassword（char * password,char * username），实现以下功能：如果字符串 password 包含字符串 username，则输出信息"密码包含用户名"，否则输出信息"密码不包含用户名"。

答：编写程序如下。

```
#include<stdio.h>
#include"string.h"
int CheckPassword(char* username,char* password)
{   char * u=username, * p=password;
    while(* p)
    {   for(u=username; * p== * u&& * u;p++,u++);
        p++;
        if(! * u)
           {  return 1;
              break;
           }
    }
    return 0;
}
int main()
{   char i[80],b[80];
    char * username=i;
    char * password=b;
    int flag=0;
    {   printf("input username :\n");
        scanf("%s",username);
        printf("input password :\n");
```

```
            scanf("%s",password);
        }
        flag=CheckPassword(username,password);
        if(flag==1)
        printf("%s","密码包含用户名");
        else
        printf("%s","密码不包含用户名");
        return 0;
}
```

运行结果：

input username:
admin
input password:
admin123
密码包含用户名

(2) 一个班有若干学生(人数不超过30人)，每名学生考4门课程，请用指针型函数实现以下功能。

① 输入所有学生4门课程成绩，获得成绩方式可用初始化或从键盘输入。

② 从键盘输入某一学生序号，能输出该学生的全部成绩，其中学生序号从1开始编号。

③ 计算该学生4门课程的平均分、最好成绩和最差成绩。

答：编写程序如下。

```c
#include<stdio.h>
int main()
{   float average(float *p,int n);
    float max(float * pa,int n);
    float min(float * pi,int n);
    float score[4][4]={{81,98,86,79},{75,68,71,96},{93,82,100,91},{69,86,66,74}};
    float * search(float (* pointer)[4],int n);
    float * p;
    int i,m;
    printf("请输入要查找的学生序号:");
    scanf("%d",&m);
    printf("学号为%d的学生成绩为:",m);
    p=search(score,m-1);
    for(i=0;i<4;i++)
            printf("%.2f ",*(p+i));
    printf("\n");
    printf("该学生所学课程的平均分为:%5.2f\n",average(*score,m-1));
    printf("该学生所学课程的最高分为:%5.2f\n",max(*score,m-1));
    printf("该学生所学课程的最低分为:%5.2f\n",min(*score,m-1));
    return 0;
}
```

```
float *search(float (*pointer)[4],int n)
{   float *pt;
    pt=*(pointer+n);
    returnpt;
}
float average(float *p,int n)
{   float sum=0;
    int i=0;
    for(i=0,p+=4*n;i<4;i++,p++)       //i用来控制循环次数
    sum+=*p;
    return sum/4;
}
float max(float *pa,int n)
{   float maxval=0;
    int i=0;
    for(i=0,pa+=4*n;i<4;i++,pa++)     //i用来控制循环次数
        maxval=(*pa>maxval)?*pa:maxval;
    return maxval;
}
float min(float *pi,int n)
{   float minval=100;
    int i=0;
    for(i=0,pi+=4*n;i<4;i++,pi++)     //i用来控制循环次数
      minval=(*pi<minval)?*pi:minval;
    return minval;
}
```

运行结果：

请输入要查找的学生序号：3
学号为3的学生成绩为：93.00 82.00 100.00 91.00
该学生所学课程的平均分为：91.50
该学生所学课程的最高分为：100.00
该学生所学课程的最低分为：82.00

（3）生成12个随机数，填充到一个3行4列的二维整型数组中，输出该数组的最大元素、最小元素和所有元素的平均值。

要求：用指向二维数组首地址的指针变量按二维数组排列方式处理二维数组元素。

答：编写程序如下。

```
#include<stdio.h>
#include<time.h>
#include<stdlib.h>
int main()
{   int a[3][4];
    int i,j,max,min,sum=0;
    double ave=0.0;
```

```
    int *p=a[0];
    srand(time(NULL));
    for(i=0;i<3;i++)
    {   for(j=0;j<4;j++)
        {   *(p+i*4+j)=rand()%80+20;
            printf("%-4d",*(p+i*4+j));
        }
        printf("%\n");
    }
    max=min=*p;
    while(*p)
    {   if(*p>max)   max=*p;
        if(*p<min)   min=*p;
        sum+=*p;
        p++;
    }
    printf("最大值:%d 最小值: %d 平均值:%.2f\n",max,min,sum/12.0);
    return 0;
}
```

运行结果：

```
30  68  52  44
94  23  95  82
57  20  80  85
最大值: 95 最小值: 20 平均值: 60.83
```

(4) 编写程序：把字符串 IP 地址转换为十进制 IP 地址，并把 IP 地址的四段号码中第一段号码加 3，最后一段号码加 4 输出，从而实现简单的 IP 地址加密。如 IP 地址 "192.168.1.6"，经转换加密后输出为 "195.168.1.10"。

要求：在主函数中用字符型指针及函数实现以上功能。

答：编写程序如下。

```
#include<string.h>
#include<stdio.h>
#include<stdlib.h>
int main()
{   char ip[65]="192.168.1.6";
    char ip_range[64]={0};
    char *q=NULL;
    char *p=NULL;
    char tmp1[64]={0};
    char tmp2[64]={0};
    q=strrchr(ip, '.');
    p=strstr(ip, ".");
    if(q!=NULL)
```

```
        {   strncpy(ip_range, p, q-p+1);
            sprintf(tmp1, "%d", atoi(ip)+3);
            sprintf(tmp2, "%d", atoi(q+1)+4);
            strcat(tmp1,ip_range);
            strcat(tmp1, tmp2);
            printf("last ip_range=%s\n",tmp1);
        }
        return 0;
}
```

运行结果：

last ip_range=195.168.1.10

实验 9　参 考 程 序

2. 实验内容

（1）编写程序，根据奥运会上各国获得的金牌、银牌、铜牌数目，实现以下功能。

① 获奖数据包括国家（char）、金牌（int）、银牌（int）、铜牌（int）和总数（int）共 5 项，现输入 N 个国家前 4 项数据（假设 N＝3）。

② 根据公式：总数＝金牌＋银牌＋铜牌，计算各国获得的奖牌总数。

③ 输出各国获得的奖牌情况。

④ 根据总数计算这 N 个国家获得奖牌的平均数（int），输出平均数及高于平均数的国家的奖牌信息。

要求：在主函数中用菜单操作方式实现以上各功能。

答：编写程序如下。

```
#include<stdio.h>
#include<stdlib.h>
#define N 3
struct Games
{ char country[10];
  int gold,silver,bronze,total;           //金牌、银牌、铜牌和总数
} cou[N];
//①输入获奖数据
void input(struct Games coun[],int n)
{ int i;
   printf("请输入%3d 个国家的国家名、金牌数、银牌数、铜牌数:\n",N);
   for(i=0;i<n;i++)
      scanf("%s%d%d%d", coun[i].country, &coun[i].gold, &coun[i].silver, &coun[i].bronze);
}
//②根据公式：总数＝金牌+银牌+铜牌,计算各国获得的奖牌总数
void count_Games(struct Games coun[],int n)
```

```
{ int i;
  for(i=0;i<n;i++)
    coun[i].total=coun[i].gold+coun[i].silver+coun[i].bronze;
    printf("计算完毕！\n");
}
//③输出各国获得的奖牌情况
void output(struct Games coun[],int n)
{ int i;
  printf("本次比赛各国获奖情况如下：\n");
  printf("国家\t金牌\t银牌\t铜牌\t总数\n");
  for(i=0;i<n;i++)
     printf("%s\t%d\t%d\t%d\t%d\n",coun[i].country,coun[i].gold,coun[i].silver,
coun[i].bronze,coun[i].total);
}
//④根据总数计算这N个国家获得奖牌的平均数(int),输出平均数及高于平均数的国家的奖牌
信息
void average(struct Games coun[],int n)
{ int i;
  int sum=0,ave;
  for(i=0;i<n;i++)
      sum=sum+coun[i].total;
  ave=sum/n;
  printf("%3d个国家获得奖牌的平均数是：%4d\n",n,ave);
  printf("奖牌总数高于平均数%4d的国家列表如下：\n",ave);
  printf("国家\t金牌\t银牌\t铜牌\t总数\n");
  for(i=0;i<n;i++)
     if(coun[i].total>ave)
       printf("%s\t%d\t%d\t%d\t%d\n",coun[i].country,coun[i].gold,coun[i].silver,
coun[i].bronze,coun[i].total);
}
int main()
{ struct Games cou[N];
  int choice;
  printf("================奥运会奖牌管理================");
  printf("\n\t 0:退出操作");
  printf("\n\t 1:输入奖牌");
  printf("\n\t 2:计算总数");
  printf("\n\t 3:输出奖牌");
  printf("\n\t 4:输出高于平均数的国家的奖牌信息");
  printf("\n======================================\n");
  while(1)
  { printf("\n0:退出,1:输入,2:计算,3:输出奖牌,4:输出高于平均数的国家的奖牌信息\n");
    printf("\n请输入数字0~4进行选择：");
    scanf("%d",&choice);
    switch(choice)
```

```
    { case 0:
        exit(0);
      case 1:
        input(cou,N);
        break;
      case 2:
        count_Games(cou,N);
        break;
      case 3:
        output(cou,N);
        break;
      case 4:
        average(cou,N);
        break;
      default:
        printf("选择错误!请重新选择。\n");
        break;
    }
  }
  return 0;
}
```

运行结果：

===============奥运会奖牌管理===============
         0：退出操作
         1：输入奖牌
         2：计算总数
         3：输出奖牌
         4：输出高于平均数的国家的奖牌信息
==

0：退出,1：输入,2：计算,3：输出奖牌,4：输出高于平均数的国家的奖牌信息

请输入数字 0~4 进行选择：1
请输入 3 个国家的国家名、金牌数、银牌数、铜牌数：
中国   46   36   37
英国   27   23   18
美国   26   19   27

0：退出,1：输入,2：计算,3：输出奖牌,4：输出高于平均数的国家的奖牌信息

请输入数字 0~4 进行选择：2
计算完毕！

0：退出,1：输入,2：计算,3：输出奖牌,4：输出高于平均数的国家的奖牌信息

请输入数字 0~4 进行选择：3
本次比赛各国获奖情况如下：

国家	金牌	银牌	铜牌	总数
中国	46	36	37	119
英国	27	23	18	68
美国	26	19	27	72

0：退出,1：输入,2：计算,3：输出奖牌,4：输出高于平均数的国家的奖牌信息

请输入数字 0~4 进行选择：4
　3个国家获得奖牌的平均数是：　86
奖牌总数高于平均数　86 的国家列表如下：

国家	金牌	银牌	铜牌	总数
中国	46	36	37	119

0：退出,1：输入,2：计算,3：输出奖牌,4：输出高于平均数的国家的奖牌信息

请输入数字 0~4 进行选择：0

(2) 编写程序,用链表实现某个班学生成绩的管理,包括成绩表的建立、查找、插入、删除、输出五个基本操作。假设成绩表只含学号和成绩两项,当输入学号、成绩为"0 0"时,结束建立、查找、插入、删除各操作。各操作均用函数完成,内容要求如下。

① 建立单向动态链表,完成成绩表的建立。
② 按学号查找该生信息。
③ 插入一个节点。
④ 删除一个节点。
⑤ 输出链表内容。

其他扩展要求：①可在主函数中实现查找、插入、删除多个节点。②可在主函数中实现简易菜单操作。

答：编写程序如下。

```
#include<stdio.h>
#include<stdlib.h>
#include<conio.h>
#define LEN sizeof(struct Student)
struct Student
{   int num;
    float score;
    struct Student *next;
};
int n;
//①建立链表
```

```
struct Student * creat()
{   struct Student * head;
    struct Student * q, * p;
    n=0;
    q=p=( struct Student * ) malloc(LEN);
    scanf("%d%f",&q->num,&q->score);
    head=NULL;
    while(q->num!=0)
    { n=n+1;
      if(n==1)head=q;
      else p->next=q;
      p=q;
      q=(struct Student * )malloc(LEN);
      scanf("%d%f",&q->num,&q->score);
    }
    p->next=NULL;
    return(head);
}
//②查找一个节点
void search(struct Student * head, int s_num)
{   struct Student * p;
    p=head;
    while(p->num!=s_num && p->next!=NULL)    //当前节点的 num 与要查找的学号不等
                                             //并且表不空时
        p=p->next;                           //p 指向下一个节点
    if(p->num==s_num)
        printf("查找的学号是：%d,该生的成绩是%5.1f",p->num,p->score);
    else
        printf("没有找到学号为 %d 的学生!",s_num);
};
//③插入一个节点
struct Student * insert(struct Student * head, struct Student * stud)
{   struct Student * p0, * p, * q;    //p0 是待插入的新节点,p 是 p0 的前一个节点,q 是
                                      //p0 的后一个节点。插入前,p 和 q 是相邻的两个节点
    q=head;                           //使 q 指向第 1 个节点
    p0=stud;                          //使 p0 指向待插入节点 stud
    if(head==NULL)                    //链表是空
    {   head=p0;
        p0->next=NULL;                //使待插入节点成为第 1 个节点
    }
    else
    {   while((p0->num>q->num) && (q->next!=NULL))
        { p=q;                        //使 p 指向刚才 q 所指向的节点
          q=q->next;                  //使 q 后移继续查找
        }
```

```c
            if(p0->num<=q->num)
            { if(head==q)
                head=p0;                    //插到首节点之前
              else
                p->next=p0;                 //插到两个节点之间
              p0->next=q;
            }
            else
            { q->next=p0;
              p0->next=NULL;                //插到尾节点之后
            }
        }
        n=n+1;
        return(head);
    }
//④删除一个节点
struct Student * del(struct Student * head,int num)
{   struct Student * q,* p;
    if(head==NULL)                          //是空表
    { printf("\n链表是空的!\n");
      return(head);
    }
    q=head;                                 //q指向首节点
    while(num!=q->num && q->next!=NULL)     //q不是所要查找的节点而且其后还有节点
    { p=q;
      q=q->next;                            //q要不断地往后移动进行查找
    }
    if(num==q->num)                         //找到
    { if(q==head)   head=q->next;           //若q所指向的是首节点,head指针指向第2个节点
      else p->next=q->next;                 //若q所指向的是中间节点,head指针指向第2个节点
      printf("删除了学号%d的数据\n",num);
      free(q);
      n=n-1;
    }
    else printf("学号为%d的没有找到,无法删除!\n",num);
    return(head);
}
//⑤输出链表
void print(struct Student * head)
{   struct Student * p;
    printf("\n链表中有 %d 条记录:\n",n);
    p=head;
    while(p!=NULL)                          //当不是空表
    { printf("学号：%d,成绩：%5.1f\n",p->num,p->score);  //输出当前节点中的学号与成绩
      p=p->next;                            //p指向下一个节点
```

```c
    };
}
int main()
{   struct Student * head, * stu;
    int search_num;
    int del_num;
    int choice;
    printf("=========链表综合操作=========");
    printf("\n\t 0: 退出操作");
    printf("\n\t 1: 建立链表");
    printf("\n\t 2: 查找节点");
    printf("\n\t 3: 插入节点");
    printf("\n\t 4: 删除节点");
    printf("\n\t 5: 输出链表");
    printf("\n==========链表综合操作==========\n");
    while(1)
    {   printf("\n0:退出,1:建立,2:查找,3:插入,4:删除,5:输出。\n请输入数字0~5进行选择:");
        scanf("%d",&choice);
        switch(choice)
        { case 0:
              exit(0);
          case 1:
              printf("请输入学生信息,格式如 2211101 90,输入 0 0 结束"建立"操作:\n");
              head=creat();
              printf("所创建的链表是:");
              print (head);
              printf("\n");
              break;
          case 2:
              printf("请输入要查找的学号,输入 0 结束"查找"操作:");
              scanf("%d",&search_num);
              while(search_num!=0)
              { search(head,search_num);
                printf("\n 请输入要查找的学号,输入 0 结束"查找"操作:");
                scanf("%d",&search_num);
              }
              break;
          case 3:
              printf("请输入要插入的学生信息,格式如 2211112 90.5,输入 0 0 结束"插入"操作:");
              stu=(struct Student *) malloc(LEN);
              scanf("%d%f",&stu->num,&stu->score);
              while(stu->num!=0)
              { head=insert(head,stu);
                print(head);
                printf("\n 请输入要插入的学生信息,格式如 2211112 90.5,输入 0 0 结束"插入"操作:");
```

```
                    stu=(struct Student *)malloc(LEN);
                    scanf("%d%f",&stu->num,&stu->score);
                }
                break;
            case 4:
                printf("请输入要删除的学号,输入 0 结束"删除"操作:");
                scanf("%d",&del_num);
                while(del_num!=0)              //可以删除多个节点
                  { head=del(head,del_num);
                    print (head);
                    printf("请输入要删除的学号,输入 0 结束"删除"操作:");
                    scanf("%d",&del_num);
                  }
                break;
            case 5:
                print (head);
                break;
            default:
                printf("选择错误!请重新选择。\n");
                break;
        }
    }
    return 0;
}
```

说明：因功能较多，运行结果按照功能把总的结果进行分步提供。

① 建立单向动态链表，完成成绩表的建立的运行结果：

=========链表综合操作=========
            0: 退出操作
            1: 建立链表
            2: 查找节点
            3: 插入节点
            4: 删除节点
            5: 输出链表
==========链表综合操作==========

0: 退出,1: 建立,2: 查找,3: 插入,4: 删除,5: 输出。
请输入数字 0~5 进行选择: 1
请输入学生信息,格式如 2211101 90,输入 0 0 结束"建立"操作:
2211101 95
2211103 88
0 0
所创建的链表是:
链表中有 2 条记录：
学号: 2211101,成绩: 95.0

学号:2211103,成绩:88.0

② 按学号查找该生信息的运行结果:

0:退出,1:建立,2:查找,3:插入,4:删除,5:输出。
请输入数字0~5进行选择:2
请输入要查找的学号,输入0结束"查找"操作:2211101
查找的学号是:2211101,该生的成绩是 95.0
请输入要查找的学号,输入0结束"查找"操作:0

③ 插入一个节点的运行结果:

0:退出,1:建立,2:查找,3:插入,4:删除,5:输出。
请输入数字0~5进行选择:3
请输入要插入的学生信息,格式如 2211112 90.5,输入0 0 结束"插入"操作:2211104 100

链表中有 3 条记录:
学号:2211101,成绩:95.0
学号:2211103,成绩:88.0
学号:2211104,成绩:100.0

请输入要插入的学生信息,格式如 2211112 90.5,输入0 0 结束"插入"操作:0 0

④ 删除一个节点的运行结果:

0:退出,1:建立,2:查找,3:插入,4:删除,5:输出。
请输入数字0~5进行选择:4
请输入要删除的学号,输入0结束"删除"操作:2211103
删除了学号 2211103 的数据

链表中有 2 条记录:
学号:2211101,成绩:95.0
学号:2211104,成绩:100.0
请输入要删除的学号,输入0结束"删除"操作:0

⑤ 输出链表内容的运行结果:

0:退出,1:建立,2:查找,3:插入,4:删除,5:输出。
请输入数字0~5进行选择:5

链表中有 2 条记录:
学号:2211101,成绩:95.0
学号:2211104,成绩:100.0

0:退出,1:建立,2:查找,3:插入,4:删除,5:输出。
请输入数字0~5进行选择:0

实验 10 参 考 程 序

2. 实验内容

（1）编写程序，统计一个 32 位整数 n 的二进制形式中 1 的个数。

答：编写程序如下。

```c
#include<stdio.h>
int main()
{ int n;
  printf("请输入 n 的值：");
  scanf("%d",&n);
  printf("数 %d 的二进制表示法中",n);
  n=(n & 0x55555555)+((n>>1) & 0x55555555);
  n=(n & 0x33333333)+((n>>2) & 0x33333333);
  n=(n & 0x0F0F0F0F)+((n>>4) & 0x0F0F0F0F);
  n=(n & 0x00FF00FF)+((n>>8) & 0x00FF00FF);
  n=(n & 0x0000FFFF)+((n>>16) & 0x0000FFFF);
  printf("有 %d 个 1。\n",n);
  return 0;
}
```

运行结果：

请输入 n 的值：10407
数 10407 的二进制表示法中有 7 个 1。

（2）编写程序，检查所用的计算机系统的 C 语言编译系统在执行右移时是按照逻辑右移的原则还是算术右移的原则。如果是逻辑右移，请编写一函数实现算术右移，如果是算术右移，请编写一函数实现逻辑右移。

答：编写程序如下。

```c
#include<stdio.h>
short getbits1(unsigned value,int n)          //算术右移
{ unsigned short data;
  data=~0;
  data=data>>n;
  data=~data;
  data=data|(value>>n);
  return(data);
}
short getbits2(unsigned short value,int n)    //逻辑右移
{ unsigned short data;
  data=(~(1>>n))&(value>>n);
  return(data);
}
```

```
int main()
{ short int a,n,m;
  a=~0;
  if((a>>5)!=a)
  { printf("C 语言编译系统是逻辑右移!\n");
    m=0;
  }
   else
   { printf("C 语言编译系统是算术右移!\n");
     m=1;
    }
  printf("请输入一个十进制数:");
  scanf("%d",&a);
  printf("请输入右移位数:");
  scanf("%d",&n);
  if(m==0)
   printf("数 %d 右移 %d 位的算术右移结果:%d\n",a,n,getbits1(a,n));
   else
   printf("数 %d 右移 %d 位的逻辑右移结果:%d\n",a,n,getbits2(a,n));
   return 0;
}
```

运行结果:

C 编译系统是算术右移!
请输入一个十进制数: 1021
请输入右移位数: 2
数 0 右移 2 位的算术右移结果: -16384

(3) 编写程序,从键盘上输入两个字符,存入变量 ch_a,ch_b 中,并按规则将其整合到一个整型变量中,要求将 ch_a 字符作为整型变量的高字节,ch_b 字符作为整型变量的低字节。

答:编写程序如下。

```
#include<stdio.h>
int main()
{
  char ch_a,ch_b;
  unsigned int ch_ab;
  printf("请输入字符 ch_a、ch_b(字符间用空格隔开):\n");
  ch_a=getchar();            //输入 ch_a 的值
  getchar();                 //丢弃空格符
  ch_b=getchar();            //输入 ch_b 的值
  printf("字符 ch_a=%c 的 ASCII 码是 %d。\n 字符 ch_b=%c 的 ASCII 码是 %d。\n",ch_a,ch_a,ch_b,ch_b);
  ch_ab=ch_a;
  ch_ab<<=8;                 //ab 左移 8 位至最高位
```

```
       ch_ab|=ch_b;                    //ab按或运算,高8位保持不变
       printf("字符 ch_a 作为高字节,字符 ch_b 作为低字节,整合后的数是 %d。\n",ch_ab);
       return 0;
}
```

运行结果：

请输入字符 ch_a、ch_b(字符间用空格隔开)：
A c
字符 ch_a=A 的 ASCII 码是 65。
字符 ch_b=c 的 ASCII 码是 99。
字符 ch_a 作为高字节,字符 ch_b 作为低字节,整合后的数是 16739。

实验 11　参　考　程　序

2. 内容实验

(1) 运行并调试程序。

① 从键盘输入一段英文字符(遇"#"结束),并将其写入 exp1.txt 文件中。

```
#include<stdio.h>
#include<stdlib.h>
int main()
{
   char ch,filename[30];
   FILE * fp;
   printf("请输入文件名:");
   gets(filename);
   if((fp=fopen(filename,"w"))==NULL)
    {
        printf("文件打开错误!\n");
        exit(0);
    }
   while((ch=getchar())!='#')
     fputc(ch,fp);
   printf("英文字符已成功写入 exp1.txt 文件!\n");
   fclose(fp);
   return 0;
}
```

答：运行结果如下。

请输入文件名：d:\experiment\exp1.txt✓
This C programming language compiler will be used to compile your source code into final executable program. I assume you have basic knowledge about a programming language compiler.#
英文字符已成功写入 exp1.txt 文件!

说明：运行程序之前，先在 d 盘创建 experiment 目录。
② 从 exp1.txt 文件中读出字符，并显示在屏幕上。

```c
#include<stdio.h>
#include<stdlib.h>
int main()
{
    char ch,filename[30];
    FILE *fp;
    printf("请输入文件名:");
    gets(filename);
    if((fp=fopen(filename,"r"))==NULL)
    {
        printf("文件打开错误!\n");
        exit(0);
    }
    while((ch=fgetc(fp))!=EOF)
        putchar(ch);
    putchar('\n');
    fclose(fp);
    return 0;
}
```

答：运行结果如下。

请输入文件名：d:\experiment\exp1.txt✓
This C programming language compiler will be used to compile your source code into final executable program. I assume you have basic knowledge about a programming language compiler.

（2）编程设计。

设计一个简单的学生成绩管理程序，学生信息包括学号、姓名和 3 门课的成绩。学生成绩管理程序至少应提供如下功能。

① 录入学生成绩。
② 计算每名学生的平均成绩。
③ 按平均成绩排名次。
④ 统计补考人数。
⑤ 找出每门课中成绩最高者。
⑥ 退出。

要求：
① 使用磁盘文件保存学生成绩；
② 将每个功能定义成函数；
③ 提供菜单操作界面。

答：编写程序如下。

```c
#include<stdio.h>
#include<string.h>
#include<stdlib.h>
struct student
{
  int num;
  char name[20];
  int score[3];
  float aver;
}stu[100];
void input()
{
  int i,j,sum=0;
  FILE *fp;
  if((fp=fopen("d:\\example\\cj.dat","wb"))==NULL)
  {
    printf("文件打开错误!\n");
    exit(0);
  }
  i=0;
  printf("从键盘输入学生成绩(学号小于0结束)\n");
  printf("学号:");scanf("%d",&stu[i].num);
  while(stu[i].num>0)
  {
    printf("姓名:");scanf("%s",stu[i].name);
    for(j=0;j<3;j++)
    {
      printf("成绩%d:",j+1);
      scanf("%d",&stu[i].score[j]);
    }
    fwrite(&stu[i],sizeof(struct student),1,fp);
    i++;
    printf("学号:");scanf("%d",&stu[i].num);
  }
  fclose(fp);
}
void average()
{
  int i,j,sum;
  FILE *fp1,*fp2;
  if((fp1=fopen("d:\\example\\cj.dat","rb"))==NULL)
  {
    printf("文件打开错误!\n");
    exit(0);
  }
```

```c
  if((fp2=fopen("d:\\example\\avercj.dat","wb"))==NULL)
  {
    printf("文件打开错误!\n");
    exit(0);
  }
  i=0;
  while(!feof(fp1))
  {
    fread(&stu[i],sizeof(struct student),1,fp1);
    if(stu[i].num>0)
    { printf("学号:%d\n",stu[i].num);
      printf("姓名:%s\n",stu[i].name);
      sum=0;
      for(j=0;j<3;j++)
      { printf("成绩%d:%d\n",j+1,stu[i].score[j]);
        sum=sum+stu[i].score[j];
      }
      stu[i].aver=(float)(sum/3.0);
      printf("平均分:%5.2f\n",stu[i].aver);
      fwrite(&stu[i],sizeof(struct student),1,fp2);
    }
    i++;
  }
  fclose(fp1);
  fclose(fp2);
}
void sort()
{
  int i,j,k;
  FILE * fp;
  struct student temp;
  if((fp=fopen("d:\\example\\avercj.dat","rb"))==NULL)
  {
    printf("文件打开错误!\n");
    exit(0);
  }
  i=0;
  while(!feof(fp))
  {
    fread(&stu[i],sizeof(struct student),1,fp);
    i++;
  }
  for(j=0;j<i-1;j++)
  {
    for(k=j+1;k<i;k++)
```

```c
          {
            if(stu[j].aver<stu[k].aver)
              {
                temp=stu[j];
                stu[j]=stu[k];
                stu[k]=temp;
              }
          }
    for(j=0;j<i;j++)
    if(stu[j].num>0)
    {
      printf("学号:%d\n",stu[j].num);
      printf("姓名:%s\n",stu[j].name);
      for(k=0;k<3;k++)
        printf("成绩%d:%d\n",k+1,stu[j].score[k]);
      printf("平均分:%5.2f\n",stu[j].aver);
    }
    fclose(fp);
}
void resit()
{
    int i,sum=0;
    FILE * fp;
    if((fp=fopen("d:\\example\\avercj.dat","rb"))==NULL)
    {
      printf("文件打开错误!\n");
      exit(0);
    }
    i=0;
    while(!feof(fp))
    {
      fread(&stu[i],sizeof(struct student),1,fp);
      if(stu[i].num>0)
        if(stu[i].score[0]<60||stu[i].score[1]<60||stu[i].score[2]<60)
      sum=sum+1;
      i++;
    }
    printf("补考人数:%d\n",sum);
    fclose(fp);
}
void hscore()
{
    int i,j,k1,k2,k3,hs1,hs2,hs3;
    FILE * fp;
```

```
    if((fp=fopen("d:\\example\\cj.dat","rb"))==NULL)
    {
      printf("文件打开错误!\n");
      exit(0);
    }
    i=0;
    while(!feof(fp))
    {
      fread(&stu[i],sizeof(struct student),1,fp);
      i++;
    }
    hs1=0;
    hs2=0;
    hs3=0;
    for(j=0;j<i;j++)
    {
      if(stu[j].score[0]>hs1)
      { hs1=stu[j].score[0];
        k1=j;
      }
      if(stu[j].score[1]>hs2)
      { hs2=stu[j].score[1];
        k2=j;
      }
      if(stu[j].score[2]>hs3)
      { hs3=stu[j].score[2];
        k3=j;
      }
    }
    printf("第 1 门课最高分的同学:%d,%s,%d:\n",stu[k1].num,stu[k1].name,hs1);
    printf("第 2 门课最高分的同学:%d,%s,%d:\n",stu[k2].num,stu[k2].name,hs2);
    printf("第 3 门课最高分的同学:%d,%s,%d:\n",stu[k3].num,stu[k3].name,hs3);
    fclose(fp);
}

int main()
{
    int i=0,select=0;
    void input();
    void average();
    void sort();
    void resit();
    void hscore();
    printf("\n");
    printf("---------程序菜单---------\n");
```

```c
        printf(" 1.录入学生成绩                \n");
        printf(" 2.计算每个学生的平均成绩       \n");
        printf(" 3.按平均成绩排名次             \n");
        printf(" 4.统计补考人数                 \n");
        printf(" 5.找出每门课中成绩最高者       \n");
        printf(" 0.退出                         \n");
        printf("------------------------\n");
        printf("请选择功能序号:");
        scanf("%d",&select);getchar();
        while(1)
        {
        switch(select)
          {
            case 1: system("cls");input();break;
            case 2: system("cls");average();break;
            case 3: system("cls");sort();break;
            case 4: system("cls");resit();break;
            case 5: system("cls");hscore();break;
            case 0: system("exit");exit(0);
          }
        printf("\n");
        printf("\n");
        printf("---------程序菜单---------\n");
        printf(" 1.录入学生成绩                \n");
        printf(" 2.计算每个学生的平均成绩       \n");
        printf(" 3.按平均成绩排名次             \n");
        printf(" 4.统计补考人数                 \n");
        printf(" 5.找出每门课中成绩最高者       \n");
        printf(" 0.退出                         \n");
        printf("------------------------\n");
        printf("请选择功能序号:");
        scanf("%d",&select);getchar();
        }
        return 0;
}
```

运行结果如下。

运行程序后屏幕显示：

-----------------程序菜单-----------------
1.录入学生成绩
2.计算每个学生的平均成绩
3.按平均成绩排名次
4.统计补考人数
5.找出每门课中成绩最高者
0.退出

请选择功能序号:

选1,屏幕显示并输入学生成绩,结果如下:

从键盘输入学生成绩(学号小于 0 结束)

学号: 1901

姓名: wangqi

成绩 1: 76

成绩 2: 74

成绩 3: 68

学号: 1902

姓名: dingyao

成绩 1: 67

成绩 2: 85

成绩 3: 87

学号: 1903

姓名: dengyu

成绩 1: 87

成绩 2: 78

成绩 3: 85

学号: -1

选择 2,计算出每个学生的平均成绩,结果如下:

学号: 1901

姓名: wangqi

成绩 1: 76

成绩 2: 74

成绩 3: 68

平均分: 72.67

学号: 1902

姓名: dingyao

成绩 1: 67

成绩 2: 85

成绩 3: 87

平均分: 79.67

学号: 1903

姓名: dengyu

成绩 1: 87

成绩 2: 78

成绩 3: 85

平均分: 83.33

选择 3,按学生的平均成绩排名次,结果如下:

学号: 1903

姓名: dengyu

成绩 1：87
成绩 2：78
成绩 3：85
平均分：83.33
学号：1902
姓名：dingyao
成绩 1：67
成绩 2：85
成绩 3：87
平均分：79.67
学号：1901
姓名：wangqi
成绩 1：76
成绩 2：74
成绩 3：68
平均分：72.67

选择 4，统计学生补考人数，结果如下：

补考人数：0

选择 5，找出每门课中成绩最高者，结果如下：

第 1 门课最高分的同学：1903, dengyu, 87
第 2 门课最高分的同学：1902, dinyao, 85
第 3 门课最高分的同学：1902, dinyao, 87

选择 0，退出程序。

说明：在运行程序之前，需在 d 盘创建好 example 目录。

第6章 综合性实验

1. 实验目的
(1) 掌握结构化程序设计方法。
(2) 培养设计一些规模稍大的较复杂程序的能力。
(3) 灵活运用指针、结构体等知识解决一些实际应用问题。

2. 实验内容
实验内容可选取接近生活的,如计算个人所得税、综合测评管理、学生试卷分析等,在此提供3个综合实验供读者参考,具体描述分别见综合实验1、综合实验2和综合实验3。

综合实验1 学生成绩管理

1. 实验内容
本实验是设计一个简单的学生成绩管理。设有学生成绩文件 student.txt,每位学生成绩信息包含学号(num)、姓名(name)、性别(sex)、出生日期(birthday,包括年、月、日,分别表示为 year、month、day)、3门功课的成绩(高等数学、C语言、大学物理)、总分和平均分。设计程序,要求从文件 student.txt 中读出学生成绩表,之后对成绩表进行如下操作。
(1) 建立学生成绩信息结构数组(从 studentf.txt 读入数据)。
(2) 显示。即输出所有成绩。
(3) 添加。可添加一条或多条记录。
(4) 排序。分为两方面:按学号递增排序和按总分递减排序。
(5) 查找。分为三方面:按学号查找、按姓名查找和按分数(段)查找。
(6) 计算。计算各门课的平均分数。
(7) 保存。退出程序前将结果保存到 student.txt 中。

2. 实验过程描述
(1) 结构体的设计。
根据学生成绩所包含的内容,用 typedef 自定义其结构体类型为 STUDENT:

```
struct Date              //日期结构体
{ int year;              //年
  int month;             //月
  int day;               //日
};
typedef struct           //学生结构体
```

```
  { char num[12];
    char name[9];
    char sex[2];
    struct Date birthday;
    int score[5];
  }STUDENT;
```

在此,设计两个结构体。因为出生日期包含年、月、日,所以设计了一个结构体 Date,另设结构体 STUDENT 用来表示学生成绩,其中成绩共 5 个,用数组 score[5]分别表示。

（2）文件 student.txt 的设计。

新建一个记事本文件,保存名为 student.txt,使其保存路径与之后设计的程序路径一致即可。根据结构体的设计,在其中输入如下内容(内容可变)。

201101	张明	男	2002 10 21	60	60	60	180	60
211105	李红英	女	2003 11 10	70	70	70	210	70
221102	成杰	男	2004 01 01	80	80	80	240	80
201104	孙梅	女	2002 12 11	90	60	78	228	76

（3）功能设计。

根据题目功能需求,采用模块化程序设计思想,将各相对独立的功能分别编写到一个函数中,各函数独立又可相互调用,所有的函数通过主函数来调用,易于调试,结构也显得清晰。

经过对功能的全面分析和细化,除了题目需求的功能编写函数外,还编写其他函数所需要调用的两个函数：go_menu(返回菜单界面)、printone(显示指定的一条记录)。为了有条理地清晰显示各功能,调用系统清屏命令 system("cls")。

各函数分别设计如下。

① void go_menu()：返回菜单界面函数。其实现是使用 printf("\n 按任意键返回……\n")语句显示提示信息,在各函数的最后调用本函数。当用户按下任意键,再使用 getch()语句接收用户输入的任一字符。这样,用户按下按键后程序重新清屏显示主菜单。

② void printone(STUDENT temp)：显示指定的某条记录。因为在功能的实现过程中,如查找,需要显示符合条件的某条记录,因此单独设计此函数。函数体的实现是使用 printf()函数。每读取一条记录,同时计算相应记录的总分和平均分。

③ void read(STUDENT stud[],int * n)：从文件 student.txt 读入数据,建立学生成绩信息结构数组。运行程序后,自动从指定的文件 student.txt 中读取成绩信息,使得添加、删除等操作在内存中进行,提高程序的运行速度。方法是：利用文件的读写操作,定义一个文件指针 fp,以 r 的方式打开 student.txt。若不能正常打开则输出提示信息;否则执行读操作。对于成绩表中记录的个数 n,采用指针的方式进行返回,所以函数的参数 n 定义为指针,调用时实参"&n"。

④ void print(STUDENT stud[],int n)：显示全部记录函数。利用循环语句,将结构体数组中的记录逐条输出,在此,形参用结构体数组,实参用指向结构体数组的指针。为了清晰地显示记录,每输出 10 条后暂停,用户按任意键后再继续显示。

⑤ int add(STUDENT stud[],int n)：添加记录函数。添加时先输入要添加的记录的条数 num,再用 for 语句控制逐一输入,新增的记录存放在结构体数组 stud[]中,stud[]的

初值是指向已有最后记录的下一条记录,在此定义一个临时变量 j,j=n+i,i 从 0 变化到 num;添加的成绩放在 stud[j]中。每添加一条记录,同时计算该记录的总分和平均分。最后返回 n+num 值。

⑥ void sort(STUDENT *pstu,int n):排序函数。分为两方面:按学号递增排序和按总分递减排序。在设计本函数前先设计以下两个函数。

void numsort(STUDENT stud[ ],int n):采用冒泡法按学号排序(也可以用选择法等排序方法)。因为定义"学号"的数据为字符串,所以进行排序的比较时要用字符串比较函数 strcmp(),不能使用"=="进行比较。

void zfsort(STUDENT stud[ ],int n):采用冒泡法按总分排序(也可以用选择法等排序方法)。因为 sort()函数在函数体内要调用 numsort()函数和 zfsort()函数,因此形参用结构体指针,调用时 pstu 就是实参,总体采用小菜单的方式进行,其选项格式是:"0:返回""1:按学号递增排序""2:按总分递减排序",使用 switch 语句实现。

⑦ void search(STUDENT *pstu,int n):查找函数。分为三方面:按学号查找、按姓名查找、按分数(段)查找。在设计本函数前先设计以下 3 个函数。

void searchnum(STUDENT stud[ ],int n):按学号查找学生成绩。首先进行学号的匹配查找,结合 for 循环进行查找,若找到则用 break 跳出循环,否则继续查找。之后根据 i 的值判断是否找到,若 i≥n,说明不存在,输出提示信息,否则调用 printone()函数显示该记录信息。

void searchname(STUDENT stud[ ],int n):按姓名查找学生成绩。设计思路与 searchnum()函数一样。

void searchscore(STUDENT stud[ ],int n):按分数(段)查找学生成绩。设计时输入两个值,实现分数段的查找,若输入的两个值相等,则实现一个分数记录的查找。

因为 search()函数在函数体内要调用上述 3 个函数,因此形参用结构体指针,调用时 pstu 就是形参,总体采用小菜单的方式进行,其选项格式为"0:返回""1:按学号查找""2:按姓名查找""3:按分数(段)查找",使用 switch 语句实现。

⑧ void countave(STUDENT stud[ ],int n):计算各门课的平均分数。因为要计算多条记录 3 门课的平均分,所以采用两重循环,第一重是 for(i=0;i<3;i++),第二重是 for(j=0;j<n;j++)。

⑨ void savefile(STUDENT stud[ ],int n):保存文件函数。当程序结束后,需要把数据保存到 student.txt 中,以 wb 的方式打开该文件。若不能正常打开则退出程序;否则执行文件写操作,用 for 循环逐一写入记录,每条记录后加上一个换行符号。

(4) 菜单选择函数及 main()函数的设计。

为了更方便地进行功能的实现,采用菜单的方式进行,使用的语句是 switch 语句,按照功能分别对应地用 case 实现。在设计的过程中,把菜单选择单独设计一个函数。

① int menu:菜单选择函数。根据功能,用 printf()函数显示 0~6 共 7 条菜单信息,供用户进行选择。为了确保用户输入的选择正确,用了 do…while 循环语句进行限制,小于 0 或大于 7 时要重新选择。

② main:主函数。运行程序后,自动从指定的文件 student.txt 中读取成绩中相关信息,然后调用 menu()函数显示菜单供用户选择。根据用户的按键调用相应的函数进行操作。

整个程序的结构图如图 6.1 所示。

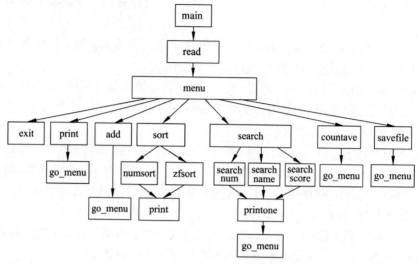

图 6.1 学生成绩管理程序结构图

(5) 编写程序。

(略)

3. 实验参考结果

(1) 程序运行后,输出文件 student.txt 记录信息的界面。

学生成绩

学号	姓名	性别	年	月	日	高等数学	C语言	大学物理	总分	平均分
201101	张明	男	2002	10	21	60	60	60	180	60
211105	李红英	女	2003	11	10	70	70	70	210	70
221102	成杰	男	2004	01	01	80	80	80	240	80
201104	孙梅	女	2002	12	11	90	60	78	228	76

记录显示完毕!

按任意键返回……

(2) "计算"功能的界面结果。

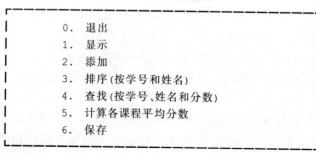

选择代码(0,1,2,3,4,5,6):

0:退出 1:显示 2:添加 3:排序 4:查找 5:计算 6:保存　请选择:5

　　　　高等数学　　C语言　　大学物理
平均分　75.00　　　67.50　　　72.00

按任意键返回……

本结果仅是程序运行后,输出文件 student.txt 记录信息的界面菜单及"计算"功能的界面结果,其他功能的运行结果没有列出。

4. 其他说明

(1) 读者可根据自己的学习情况,对前面提到的功能进行完善,例如,在实验涉及的功能中添加功能。设计时读者可根据需要考虑学号是否重复的问题进行设计;在实现计算各门课的平均分数方面,可扩展功能来输出所有高于各门课平均分的名单;以及扩展功能来求总分最高的学生的记录。还可以进行插入、修改等操作,当然,读者也可以有选择地进行部分功能的实现。

(2) 本实验的难点是要注意文件内容的读取,特别是读取时的格式。

(3) 本实验中大部分函数的形参是采用结构体数组,实参采用结构体指针变量,目的是让读者灵活应用结构体数组和结构体指针,领会它们之间数据的传递过程。

(4) 程序的编辑,可采用单文件或多文件形式进行,以多文件形式进行时,可用工程文件的方法或包含文件的方法进行调试、运行。

综合实验 2　通讯录管理

1. 实验内容

设有某学院学生各班通讯录文件 data.txt,每位学生通讯记录包含班级(classes)、学号(no)、姓名(name)、手机号码-长号(phone_l)、手机号码-短号(phone_s)、家庭地址(addr)和邮编(code),其中学号不能重复。设计程序,要求从 data.txt 文件中读出学生通讯记录,之后对记录进行如下操作。

(1) 显示所有的记录。

(2) 添加记录:可添加一条或多条记录。

(3) 修改记录:通过学号找到要修改的记录,若找到则修改相应记录中的内容,修改时检查被修改的学号是否已存在,若存在则不能被修改,否则进行修改。

(4) 插入记录:通过输入插入记录的学号来插入记录,插入前先检查该学号是否已存在,当不存在时进行插入,否则重新输入学号。

(5) 删除记录:删除指定学号的记录。

(6) 查找记录:查找指定学号的记录。

(7) 排序记录:按照学号进行排序。

(8) 将结果保存到 data.txt 中。

2. 实验过程描述

(1) 结构体的设计。

根据学生通信记录所包含的内容,用 typedef 自定义其结构体类型为 ADDRESS:

```
typedef struct                    //通讯录结构体
{
    char classes[8];              //班级
    char no[12];                  //学号
    char name[13];                //姓名
    char phone_l[12];             //手机号码-长号,11位
    char phone_s[7];              //手机号码-短号,6位
    char addr[31];                //地址
    char code[7];                 //邮编,6位字符,第7位字符用于存放'\0'
}ADDRESS;
```

(2) 文件 data.txt 的设计。

新建一个记事本文件,文件名保存为 data.txt,使保存路径与之后设计的程序路径一致即可。根据结构体的设计,在其中输入如下内容(内容可变)。

说明：内容第一行的 5 表示文件当前保存的记录的个数。

```
5
2101    210101    吴海      13401123514 633514    广东省梅州    514015
2102    210201    余伟明    13323855222 635222    天津市        300450
2003    200301    陈晓彬    13400976365 636365    广东省潮州    521021
1903    190302    张安      13400653213 633213    广东省深圳    518000
2204    220402    杨朱林    13266546654 636654    河南省郑州    450000
```

(3) 功能设计。

根据实验内容的功能需求,采用模块化程序设计思想,将各相对独立的功能分别编写到函数中,各函数独立,所有的函数通过主函数来调用,易于调试。

经过对功能的全面分析和细化,除了按实验需求的功能各编写函数外,还编写其他函数所需要调用的 3 个函数：return_interface(提示使用者返回菜单界面)、print(显示指定的一条记录)和 find(查找某学号在记录中的位置)。为了有条理地清晰显示各功能,调用系统清屏命令 system("cls")。

各函数分别设计如下。

① void return_interface()：返回确认函数。函数体的实现是使用 printf("\n 按任意键返回……\n")语句显示提示信息,在实验的功能实现函数的最后调用本函数。当用户按下任意键,再使用 getch()语句接收用户输入的任一字符。这样,用户按下按键后程序重新清屏显示主菜单。

② void print(ADDRESS temp)：显示指定的某条记录。因为在功能的实现过程中,如查找,需要显示符合条件的某条记录,因此单独设计此函数。函数体的实现是使用 printf()函数。

③ int find(ADDRESS t[],int n,char * s)：查找单条记录函数。根据学号,从数组 t 的第一个元素开始,按顺序依次将记录的"学号"成员与目标学号(如要查找的学号、要删除的学号)进行比较,若相等,则结束,返回该记录在数组 t 中的下标值,此时 i<n(也就是 i≤n−1);若不相等,则一直进行比较,直到所有记录比较完毕,返回 i 值,但此时 i≥n。

④ int loadfile(ADDRESS t[])：文件装入函数。运行程序后,自动从指定的文件 data.

txt 中读取通讯录信息,使得添加、修改等操作在内存中进行,提高程序的运行速度。方法是:利用文件的读写操作,定义一个文件指针 fp,以 rb 的方式打开 data.txt。若不能正常打开则输出提示信息;否则执行读操作。读取数据时先读取记录的总数 n,再用循环语句逐一读入记录,并保存在结构体数组 t 中。最后将 n 返回到 main() 函数中,以便执行后面的操作时更新 n 的变化。

⑤ void list(ADDRESS t[],int n):显示全部记录函数。利用循环语句,将结构体数组 t 中的记录逐条输出。为了清晰地显示记录,每输出 15 条后暂停,用户按任意键后再继续显示。

⑥ intadd(ADDRESS t[],int n):添加记录函数。添加时先输入要添加的记录的条数 num,再用 for 语句控制逐一输入,新增的记录存放在 t 中,要注意存放时下标值是从 n、n+1,…,n+num-1 变化的。最后返回 n 值。

⑦ void modify(ADDRESS t[],int n):修改指定学号的记录函数。首先调用 find() 函数查找是否存在该学号的记录,不存在则输出提示信息;若存在则调用 print() 函数显示该记录信息。之后给出可修改的项(班级、学号、姓名等)供用户选择修改,用 switch 语句完成,在修改学号时注意学号不重复,所以要调用 find() 函数进行查找。

⑧ int insert(ADDRESS t[ ],int n:插入记录函数。根据输入的学号进行插入,调用 find() 函数查找是否存在该学号的记录,若存在则不插入,否则插入最后一条记录的位置,之后 n 自增,并返回 n 值。

⑨ int del(ADDRESS t[],int n):删除指定学号的记录函数。首先调用 find() 函数查找是否存在该学号的记录,不存在则输出提示信息,若存在则调用 print() 函数显示该记录信息,使用户了解要删除的记录的信息,以确定是否要删除,若要删除,则把记录依次前移。之后 n 自减,并返回 n 值。

⑩ void search(ADDRESS t[],int n):查找指定学号的记录函数。调用 find() 函数查找是否存在该学号的记录,不存在则输出提示信息,若存在则调用 print() 函数显示该记录信息。

⑪ void sort(ADDRESS t[],int n):排序记录函数。采用冒泡法进行排序(也可以用选择法等排序方法),以学号为排序的依据。进行排序的比较时要用字符串比较函数 strcmp(),不能使用"=="进行比较。

⑫ void savefile(ADDRESS t[],int n):保存文件函数。当程序结束后,需要把数据保存到 data.txt 中,以 wb 的方式打开该文件。若不能正常打开则退出程序,否则执行文件写操作,写入时先写入记录总数值 n,再用 for 循环逐一写入记录,每条记录后写入一个换行符号。

(4) 菜单选择函数及 main() 函数的设计。

为了更方便地进行功能的实现,采用菜单的方式进行,使用的语句是 switch 语句,按照功能分别对应地用 case 实现。在设计的过程中,把菜单选择单独设计一个函数。

① int menu_select():菜单选择函数。根据功能,用 puts() 函数显示 0~8 共 9 条菜单信息,供用户进行选择。为了确保用户输入的选择正确,用了 do…while 循环语句进行限制。

② main():主函数。运行程序后,自动从指定的文件 data.txt 中读取通讯录中的相关

信息,然后调用 menu_select()函数显示菜单供用户选择。根据用户的按键输入来调用相应的函数进行操作。

整个程序的结构图如图 6.2 所示。

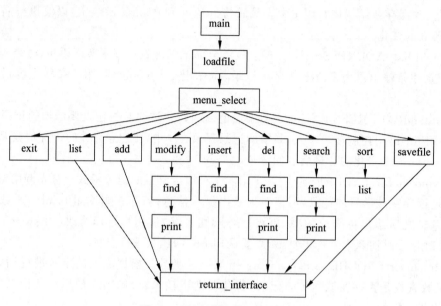

图 6.2　通讯录管理程序结构图

(5)编写程序。

(略)

3. 实验参考结果

```
***************通讯录管理***************
              0:退出
              1:显示
              2:添加
              3:修改
              4:插入
              5:删除
              6:查找
              7:按学号排序
              8:保存
***************************************

0:退出 1:显示 2:添加 3:修改 4:插入 5:删除 6:查找 7:按学号排序 8:保存    请选择:1
```

班级	学号	姓名	电话(长号)	电话(短号)	地址	邮编
2101	210101	吴海	13401123514	633514	广东省梅州	514015
2102	210201	余伟明	13323855222	635222	天津市	300450
2003	200301	陈晓彬	13400976365	636365	广东省潮州	521021

1903	190302	张安	13400653213	633213	广东省深圳	518000
2204	220402	杨朱林	13266546654	636654	河南省郑州	450000

成功显示记录!

按任意键返回……

说明：本结果仅是菜单"显示"功能的界面结果，其他功能的运行结果没有列出。

4. 其他说明

（1）读者可根据自己的学习情况，对提到的功能进行完善，例如，实验功能描述中的修改和插入记录的操作，考虑了学号已存在时如何修改和插入操作，而对于添加记录操作，没有设定考虑学号问题，读者可自行扩展功能来考虑学号是否存在，存在时又如何添加，不存在时又如何添加；又如，对于删除记录操作，可扩展功能来按班级进行整班删除，或按照指定的姓名删除；对于查找记录操作，可扩展功能来按班级、姓名进行查找；对于排序记录操作，可扩展功能来按班级、姓名进行排序……当然，读者也可以有选择地进行部分功能的实现。

（2）本实验的难点是要注意文件内容的读取，特别是读取时的格式。

（3）程序的编辑可采用单文件或多文件形式进行，多文件形式进行时，可用工程文件的方法或包含文件的方法进行调试、运行。

综合实验3　职工工资管理

1. 实验内容

设有某单位职工信息文件 emp.txt，每位职工记录包含职工号(no)、姓名(name)、职务(post)和工资(salary)，其中职务有经理、科长、员工。设计程序完成以下功能。

（1）从 emp.txt 文件中读出职工记录，并建立一个带头节点的单链表 L。

（2）向单链表 L 中添加一位职工记录。

（3）显示所有职工记录。

（4）统计本单位职工的平均工资。

（5）根据职工的职务统计工资的平均值。

（6）求出工资最高的员工记录。

（7）根据职工号查找某个职工信息。

（8）删除职工文件 emp.txt 中的所有记录。

（9）将单链表 L 中的所有职工记录存储到职工文件 emp.txt 中。

2. 实验过程描述

（1）结构体的设计。

根据职工记录所包含的内容，设计其结构体 EmpType 如下：

```
typedef struct
{
    int no;                 //职工号
    char name[10];          //姓名
    char post[10];          //职务有经理、科长、员工
```

```
    float salary;              //工资数
} EmpType;                     //职工类型
```

因为不确定职工人数,所以采用单链表实现功能,设计的结构体如下:

```
typedef struct node
{
    EmpType data;              //存放职工信息
    struct node * next;        //指向下一个节点的指针
} EmpList;                     //职工单链表节点类型
```

以上采用结构体嵌套形式。

(2) 文件 emp.txt 的设计。

新建一个记事本文件,保存名为 emp.txt,保存路径与之后设计的程序路径一致即可。根据题目设计要求,emp.txt 为空文档即可。

(3) 功能设计。

根据实验的功能需求,采用模块化程序设计思想,将各相对独立的功能分别编写到函数中,各函数独立,所有的函数通过主函数来调用,易于调试。

经过对功能的全面分析,需设置一个全局变量 n,统计单链表 L 中的节点个数,其他功能分别设计以下相应的函数。

① EmpList * ReadFile(EmpList * L):从文件 emp.txt 中读出职工记录,当 emp.txt 文件存在,采用尾插入法(或头插入法)建立一个带头节点的单链表 L,建立节点的同时进行 n 的自增。因为链表是新创建的,所以要返回其头指针,函数的返回类型是结构体类型 EmpList。

② EmpList * InputEmp(EmpList * L):采用头插入法,向单链表 L 中插入一位职工记录的节点,最后要返回 L。

③ void Display(EmpList * L):显示所有职工记录。当链表不空时,循环输出 L 中节点的成员。

④ void CountAve(EmpList * L):统计本单位职工的平均工资。实现此功能的关键是累加所有节点的 salary 成员的值,最后除以 n,在此不用重新计算 n 的值。

⑤ void CountAve_post(EmpList * L):根据职工的职务统计工资的平均值。根据职务的级别:经理、科长、员工,分别把每个节点的 post 成员与这 3 个级别进行字符串的比较,若匹配则相应的计数器进行累加,相应的工资也要累加,所以要分别设计 3 个累加器 i、j、k 和 3 个累加工资的变量 sum1、sum2、sum3。另外,设计时还要注意节点中不存在这 3 个级别的可能,如没有员工的节点信息,那就不能用 sum3/k,因为此时的 k=0。

⑥ EmpList * Max_salary(EmpList * L):求出工资最高的员工记录。实际上就是求节点中的 salary 成员的最大值,在查找最大值过程中,采用记住并返回最大值的指针的方法,调用函数时再输出最大值的相关信息。

⑦ void Search_no(EmpList * L):根据职工号查找某个职工信息。此功能的关键是查找 L 中的 no 成员等于所要查找的职工号,主要是进行条件的比较而且注意表不空,当不符合上述两条件时,说明没有找到。

⑧ EmpList * DelAll(EmpList * L):删除职工文件 emp.txt 中的所有记录。主要用

wb 方式重新改写 emp.txt 中的内容,同时删除 L 中的每个节点。

⑨ void SaveFile(EmpList * L):将单链表 L 中的所有职工记录存储到职工文件 emp.txt 中。方法是:当 L 不空时,把 data 中的 4 个成员用语句"fwrite(&p->data,sizeof(EmpType),1,fp);"写入 emp.txt 中即可。

(4) main()函数的设计。

为了更方便地进行功能的实现,采用菜单的方式进行,使用的语句是 switch 语句,按照功能分别对应地用 case 实现。

整个程序的结构图如图 6.3 所示。

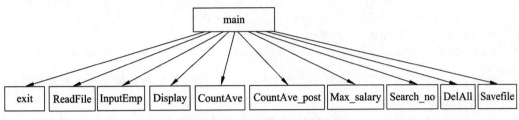

图 6.3 职工工资管理程序结构图

(5) 编写程序。

(略)

3. 实验参考结果

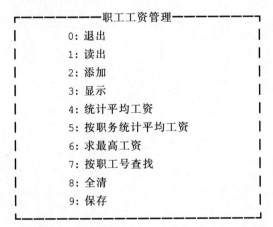

操作指南:请先选择 1(1 的功能是从 emp.txt 文件中读出职工记录,并建立一个带头节点的单链表 L),之后再进行其他选择。

0:退出 1:读出 2:添加 3:显示 4:统计平均工资 5:按职务统计平均工资
6:求最高工资 7:按职工号查找 8:全清 9:保存
请选择:1

由 emp.txt 文件建立职工单键表 L。

提示:职工单键表 L 建立完毕,有 0 个记录

0：退出 1：读出 2：添加 3：显示 4：统计平均工资 5：按职务统计平均工资
6：求最高工资 7：按职工号查找 8：全清 9：保存
请选择：2
>>输入职工号,姓名,职务,工资：
1994001 王红 经理 15000

0：退出 1：读出 2：添加 3：显示 4：统计平均工资 5：按职务统计平均工资
6：求最高工资 7：按职工号查找 8：全清 9：保存
请选择：3
        编号   姓名   职务   工资

>> 1994001   王红   经理   15000.00

说明：本结果是运行了菜单中的功能1、2、3后的结果,其他功能的运行结果没有列出。

4. 其他说明

(1) 本实验是单链表的应用,提到的功能也还不够完善,如可以增加排序、删除等功能,读者可根据情况进行完善,当然,读者也可根据自己的学习情况,有所选择地进行部分功能的实现。

(2) 程序的编辑,可采用单文件或多文件形式进行,多文件形式进行时,可用工程文件的方法或包含文件的方法进行调试、运行。

第三部分　教材习题和补充练习题及参考答案

为方便各教师的教及学生的学,在此安排了充足的练习题及参考答案,共分为两部分,一是教材每章课后习题对应的参考答案;二是每章课后的补充练习题及参考答案。教材习题、补充练习题题型多样,内容丰富,包括单项选择题、填空题、阅读程序题、程序设计题等。

第 7 章　教材习题参考答案

习题 1　概　　述

1. 什么是计算机程序？

答：所谓计算机程序，就是能够被计算机识别和执行，从而实现特定功能的一组指令序列的集合。

2. 什么是计算机语言？一般分为哪几类？

答：人与计算机之间要想进行沟通和交流，必须使用一种双方都能够理解和识别的语言，这就是计算机语言。人们利用计算机语言编写计算机程序，并在其中表达自己的意图，然后运行程序，由其来调度各种计算机资源以实现意图。计算机语言可以分为低级语言和高级语言两大类。

3. 程序设计的一般步骤有哪些？

答：程序设计的一般步骤有如下 7 步。

(1) 确定要解决的问题。

(2) 分析问题。

(3) 确定数据结构。

(4) 设计算法并使用流程图或其他工具表示。

(5) 编写程序。

(6) 调试并测试程序。

(7) 整理各类文档资料，交付使用。

4. C 语言有哪些主要特点？

答：C 语言的主要特点有如下 8 点。

(1) 简洁紧凑，灵活方便。

(2) 运算符丰富。

(3) 数据结构丰富。

(4) C 语言是结构式语言。

(5) 语法限制不太严格，程序设计自由度大。

(6) 允许直接访问物理地址，对硬件进行操作。

(7) C 语言程序生成代码质量高，执行效率高。

(8) 适用范围大，可移植性好。

5. 写出 C 语言程序的基本构成。

答：一个 C 语言程序可以由一个或多个文件组成。每个程序文件可以由一个或多个函数组成。一个程序不论由多少个文件组成，都有且只有一个 main() 函数，即主函数，一个 C 语言程序总是从 main() 函数开始执行的。每个函数都由函数首部和函数体构成，函数首部一般包括函数类型、函数名、函数属性、函数参数，函数体一般包括声明部分和执行部分。

6. 上机运行本章的 3 个例题，熟悉 C 语言的运行步骤与方法。C 语言程序中的输入输出是通过库函数来实现的。C 语言程序中可以有预处理命令，每个声明和语句都必须以分号结尾，标识符和关键字之间一般应至少加一个空格以示间隔。

答：（略）

7. 编写一个 C 语言程序并上机调试运行，输出以下信息：

```
********************************
     This is a C program!
********************************
```

答：编写程序如下。

```c
#include<stdio.h>
int main()
{
    printf("********************************\n");
    printf("    This is a C program!\n");
    printf("********************************\n");
    return 0;
}
```

8. 编写一个 C 语言程序并上机调试运行，其功能是从随意输入的两个数中找出较大的数并输出。

答：编写程序如下。

```c
#include<stdio.h>
int max(int a,int b);                  /*函数声明*/
int main()                             /*主函数*/
{
   int x,y,z;                          /*变量说明*/
   printf("Input two numbers:\n");
   scanf("%d%d",&x,&y);                /*输入 x、y 值*/
   z=max(x,y);                         /*调用 max()函数*/
   printf("max=%d\n",z);               /*输出*/
   return 0;
}

int max(int a,int b)                   /*定义 max()函数*/
{
   if(a>b)
     return a;
   else
     return b;                         /*把结果返回主调函数*/
}
```

运行结果：

Input two numbers:
8 10 ↙
max=10

习题 2　算法与程序

1. 什么是算法？试从日常生活中找三个例子并描述出来。

答：算法是一组明确的、可执行的步骤的有序集合，能够在有限的时间内终止并产生预期的结果。算法中精确定义了一组规则，明确规定先做什么，后做什么，并能判断在某种特定情况下应做出怎样的反应，根据它编写出来的程序在运行时能从一个初始状态和初始输入（可能为空）开始，经过一系列有限的状态，最终产生输出并停止于一个终态。例子（略）。

2. 算法有哪些基本特征？

答：算法的基本特征为①有穷性；②确定性；③输入项（有 0 个或多个输入）；④输出项（有 1 个或多个输出）；⑤有效性。

3. 通常从哪些方面对算法进行评价？

答：一般来说，会从正确性、可理解性、可修改扩展性、健壮性、时间复杂度和空间复杂度等多个方面对算法进行评价。

4. 什么叫结构化的算法？

答：如果构造一个算法时，仅以顺序、选择、循环三种基本结构作为"建筑单元"，遵守这三种基本结构的使用规范，那么得到的算法就是一个"结构化"的算法，它不存在无规律的转向，只在基本结构内部才允许存在向前或向后的跳转，因而结构清晰，易于正确性验证，易于纠错。

5. 顺序、选择和循环这三种结构有什么共同特点？

答：① 单入口单出口；②每个结构内的每一部分都应该有机会被执行到；③每个结构内都不存在"死循环"。

6. 用程序流程图和 N-S 图表示以下算法。

(1) 求 5!。

答：程序流程图和 N-S 图分别如图 7.1 和图 7.2 所示。

(2) 输入 50 名学生的学号和成绩，要求将其中成绩大于或等于 80 分者的信息打印出来。

答：程序流程图和 N-S 图分别如图 7.3 和图 7.4 所示。

(3) 求 $1-(1/2)+(1/3)-(1/4)+\cdots+(1/99)-(1/100)$ 的结果。

答：程序流程图和 N-S 图分别如图 7.5 和图 7.6 所示。

(4) 对一个大于或等于 3 的正整数，判断它是不是一个素数。

答：程序流程图和 N-S 图分别如图 7.7 和图 7.8 所示。

(5) 求方程 $ax^2+bx+c=0$ 的根。要求输入 a、b、c，根据它们的值分别进行以下四种处理：①$a=0$，输出提示"不是一元二次方程！"；②$b^2-4ac=0$，求解并输出两个相等实根；③$b^2-4ac>0$ 求解并输出两个不等实根；④$b^2-4ac<0$，输出提示"该方程无实根"。

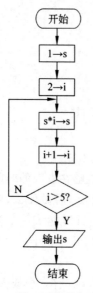
图 7.1 题 6(1)的程序流程图

图 7.2 题 6(1)的 N-S 图

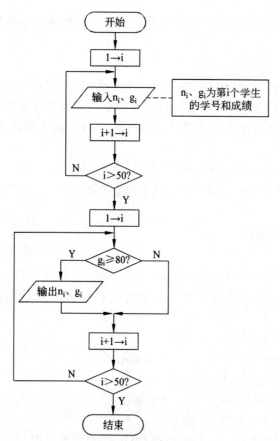
图 7.3 题 6(2)的程序流程图

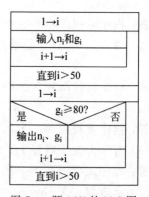
图 7.4 题 6(2)的 N-S 图

开始
1→sum
2→deno
1→sign
(−1)*sign→sign
sign*(1/deno)→term
sum+term→sum
deno+1→deno
deno>100?
N
Y
输出sum
结束

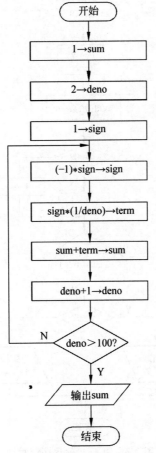

图 7.5　题 6(3)的程序流程图

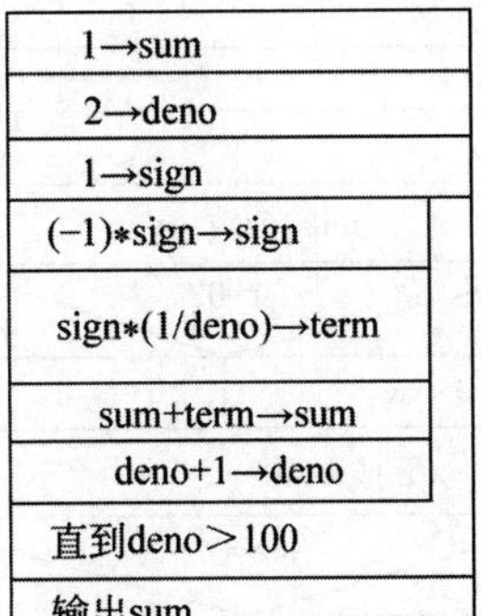

1→sum
2→deno
1→sign
(−1)*sign→sign
sign*(1/deno)→term
sum+term→sum
deno+1→deno
直到deno>100
输出sum

图 7.6　题 6(3)的 N-S 图

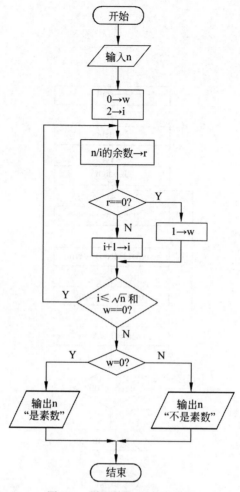

图 7.7 题 6(4) 的程序流程图

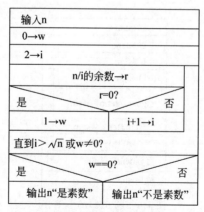

图 7.8 题 6(4) 的 N-S 图

答：程序流程图和 N-S 图分别如图 7.9 和图 7.10 所示。

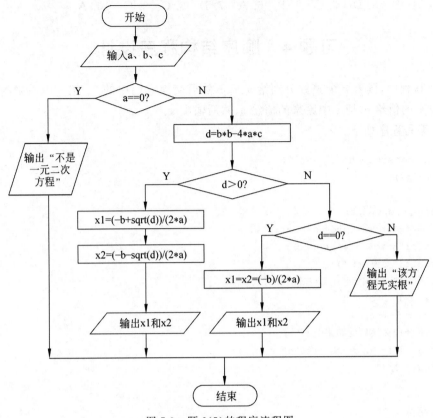

图 7.9 题 6(5)的程序流程图

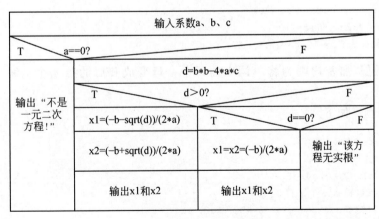

图 7.10 题 6(5)的 N-S 图

习题 3　基本数据类型与表达式

一、填空题

1. 16　2. 0　3. 57　4. double　5. 28　6. 3

二、单项选择题

1. D 2. D 3. D 4. C 5. B 6. A 7. D 8. C 9. C 10. A

习题 4　顺序结构程序设计

1. 编写程序,读入 3 个整数分别给 a、b、c,然后交换它们中的数,把 a 中原来的值给 b,把 b 中原来的值给 c,把 c 中原来的值给 a,然后输出 a、b、c。

答:编写程序如下。

```
#include<stdio.h>
int main()
{
  int a,b,c,m,n,t;
  printf("Enter three numbers:");
  scanf("%d%d%d",&a,&b,&c);
  printf("交换前: ");
  printf("a=%d,b=%d,c=%d\n",a,b,c);
  m=a;n=b;t=c;
  b=m;c=n;a=t;
  printf("交换后的结果为: ");
  printf("a=%d,b=%d,c=%d\n",a,b,c);
  return 0;
}
```

运行结果:

Enter three numbers: 23 67 19
交换前: a= 23,b= 67,c= 19
交换后的结果为: a= 19,b= 23,c= 67

2. 加密数据,加密规则为将单词中的每个字母变成其后的第 4 个。编写程序,请把 class 加密输出。

答:编写程序如下。

```
#include<stdio.h>
int main( )
{   char c1,c2,c3,c4,c5;
    printf("输入 5 个字符: ");
    scanf("%c%c%c%c%c", &c1, &c2, &c3, &c4, &c5);
    c1+=4; c2+=4; c3+=4; c4+=4; c5+=4;
    printf("%c%c%c%c%c\n", c1, c2, c3, c4, c5);
    return 0;
}
```

运行结果:

输入 5 个字符: class
gpeww

3. 编写程序,任意从键盘输入一个 3 位整数,要求正确地分离出它的个位、十位和百位数,并分别在屏幕上输出。

答:编写程序如下。

```
#include<stdio.h>
int main()
{
    int x, b0, b1, b2;                    //变量定义
    printf("输入一个三位数: ");           //提示用户输入一个整数
    scanf("%d", &x);                      //输入一个整数
    b2=x / 100;                           //用整除方法计算百位
    b1=(x-b2 * 100) / 10;                 //计算十位
    b0=x %10;                             //用求余数法计算个位
    printf("百位=%d, 十位=%d, 个位=%d\n", b2, b1, b0);
    return 0;
}
```

运行结果:

输入一个三位数:456
百位 = 4, 十位 = 5, 个位 = 6

4. 输入任意 3 个整数,编写程序求它们的和及平均值。

答:编写程序如下。

```
#include<stdio.h>
int main()
{
    int num1,num2,num3,sum=0;
    float aver;
    printf("请输入 3 个整数:");
    scanf("%d,%d,%d",&num1,&num2,&num3);    //输入 3 个整数
    sum=num1+num2+num3;                      //求累计和
    aver=sum/3.0;                            //求平均值
    printf("num1=%d,num2=%d,num3=%d\n",num1,num2,num3);
    printf("sum=%d,aver=%7.2f\n",sum,aver);
    return 0;
}
```

运行结果:

请输入 3 个整数:45,78,98
num1=45,num2=78,num3=98
sum=221,aver=73.67

5. 输入个人存款金额 money、存期 year 和年利率 rate,采用定期一年、到期本息自动转存的方式,编写程序,根据公式计算存款到期时的本息合计 sum,输出时保留两位小数。

$$sum = money(1+rate)^{year}$$

答：编写程序如下。

```c
#include<stdio.h>
#include<math.h>
int main()
{   int money, year;
    double rate, sum;
    printf("输入金额:");
    scanf("%d", &money);
    printf("输入要存的时间(年): ");
    scanf("%d", &year);
    printf("输入利率:");
    scanf("%lf", &rate);
    sum=money * pow((1+rate),year);
    printf("sum=%.2f\n", sum);
    return 0;
}
```

运行结果：

输入金额：10000
输入要存的时间(年)：2
输入利率：0.03
sum = 10609.00

6. 输入梯形的上底边长、下底边长和高，编写程序计算梯形的面积。

答：编写程序如下。

```c
#include<stdio.h>
int main()
{
    int x,y,z;
    printf("输入梯形上底:");
    scanf("%d",&x);
    printf("输入梯形下底:");
    scanf("%d",&y);
    printf("输入梯形高:");
    scanf("%d",&z);
    printf("面积为: %d\n",(x+y) * z/2);      //面积取整数
    return 0;
}
```

运行结果：

输入梯形上底：5
输入梯形下底：8
输入梯形高：4
面积为：26

7. 编写程序，由一个人的出生年份计算此人某年的年龄。

答：编写程序如下。

```
#include<stdio.h>
int main()
{
    int year, n, age;
    printf("请输入出生年份:");
    scanf("%d",&year);
    printf("请输入需要计算年龄的年份(>出生年份):");
    scanf("%d",&n);
    age=n-year;
    printf("%d 年该人的年龄为：%d 岁。\n",n,age);
    return 0;
}
```

运行结果：

请输入出生年份：1995
请输入需要计算年龄的年份(>出生年份)：2022
2022 年该人的年龄为：27 岁。

8. 用编程的形式输出学生入学的姓名、性别、年龄、学号和入学成绩。

答：编写程序如下。

```
#include<stdio.h>
int main()
{
    int iAge=20,iNum=201;        /*变量定义及初始化*/
    char chSex='m';              /*f:female(女);m:male(男)*/
    float fScore,fMoney;
    fScore=580.5;                /*变量赋值*/
    printf("Tony 的个人信息\n");
    printf("Name:Tony\n");
    printf("ID:%d\n",iNum);      /*屏幕格式化输出：ID: 201*/
    printf("Age:%d\nSex:%c\nScore:%f\n",iAge,chSex,fScore);
    getchar();
    return 0;
}
```

运行结果：

Tony 的个人信息
Name: Tony
ID: 201
Age: 20
Sex: m
Score: 580.500000

9. 输入一个华氏温度,要求输出摄氏温度。

答:编写程序如下。

```c
#include<stdio.h>
int main()
{
    float f,c;
    printf("输入华氏温度");
    scanf("%f",&f);
    c=5*(f-32)/9;
    printf("转换为摄氏温度:%f\n",c);
    return 0;
}
```

运行结果:

输入华氏温度 100
转换为摄氏温度:37.777778

习题 5　选择结构程序设计

1. 已知邮件的邮费计算标准如下:当邮件重量小于或等于 200 克时,邮费为每克 0.05 元;当邮件重量超过 200 克时,超过部分每克 0.03 元。请编程实现邮件的计费程序。

答:编写程序如下。

```c
#include<stdio.h>
int main()
{
    float w,p;
    printf("请输入邮件的重量(克):");
    scanf("%f",&w);
    if(w>=200)
        p=200*0.05+(w-200)*0.03;
    else
        p=w*0.05;
    printf("你的邮费为:%f\n",p);
}
```

运行结果:

请输入邮件的重量(克):268
你的邮费为:12.040000

2. 通过键盘输入一个字符,编写程序,判断该字符是数字字符、大写字母、小写字母、空格还是其他字符。

答:编写程序如下。

```
#include<stdio.h>
int main()
{
    char ch;
    printf("请输入一个字符: ");
    ch=getchar();
    if(ch>='A' && ch<='Z')
        printf("该字符是大写字母。\n");
    else
        if(ch>='a' && ch<='z')
            printf("该字符是小写字母。\n");
        else
            if(ch>='0' && ch<='9')
                printf("该字符是数字字符。\n");
            else
                if(ch==' ')
                    printf("该字符是空格字符。\n");
                else
                    printf("该字符是其他字符。\n");
}
```

运行结果：

请输入一个字符：A
该字符是大写字母。

3. 编写程序实现输入三角形的三条边，判别它们能否形成三角形，若能，则判断是等边三角形、等腰三角形，还是一般三角形。

答：编写程序如下。

```
#include<stdio.h>
int main()
{
    float a,b,c;
    printf("请输入三角形的三条边: ");
    scanf("%f %f %f",&a,&b,&c);
    if(a+b>c && b+c>a && c+a>b)
        if(a==b && b==c && c==a)
            printf("你输入的三角形的三条边构成了一个等边三角形！\n");
        else
            if(a==b || b==c || c==a)
                printf("你输入的三角形的三条边构成了一个等腰三角形！\n");
            else
                printf("你输入的三角形的三条边构成了一个一般三角形！\n");
    else
        printf("你输入的三角形的三条边不能构成一个三角形！\n");
}
```

运行结果：

请输入三角形的三条边：5 5 3
你输入的三角形的三条边构成了一个等腰三角形。

4. 编程计算分段函数

$$y = \begin{cases} e^x, & x > 0 \\ 1, & x = 0 \\ -e^x, & x < 0 \end{cases}$$

输入 x，打印出 y 值。

答：编写程序如下。

```c
#include<stdio.h>
#include<math.h>
int main()
{
    int x;
    double y;
    printf("请输入 x 的值: ");
    scanf("%d",&x);
    if(x>0)
        y=exp(-x);
    else
        if(x==0)
            y=1;
        else
            y=-exp(x);
    printf("y=%f\n", y);
}
```

运行结果：

请输入 x 的值：5
y=0.006738

5. 输入一个年份和月份，打印出该月有多少天（考虑闰年），用 switch 语句编程实现。

答：编写程序如下。

```c
#include<stdio.h>
int main()
{
    int year, month;
    printf("请输入年份: ");
    scanf("%d",&year);
    printf("请输入月份: ");
    scanf("%d",&month);
    switch (month)
```

```
        {
            case 1:
            case 3:
            case 5:
            case 7:
            case 8:
            case 10:
            case 12:printf("这个月份有 31 天。\n");break;
            case 2:if((year%4==0 && year%100!=0)||(year%400==0))
                        printf("这个月份有 29 天。\n");
                    else
                        printf("这个月份有 28 天。\n");
                    break;
            case 4:
            case 6:
            case 9:
            case 11:printf("这个月份有 30 天。\n");break;
            default:printf("你的输入有误!\n");
        }
}
```

运行结果：

请输入年份：2016
请输入月份：10
这个月份有 31 天。

习题 6 循环结构程序设计

1. 编程计算 S=1+2+3+4+…+n 的值。

答：编写程序如下。

```
#include<stdio.h>
int main()
{
    int i,s=0,n;
    scanf("%d",&n);
    for(i=1;i<=n;i=i+1)
        s=s+i;
    printf("S=%d\n",s);
}
```

运行结果：

9
S=45

2. 编程计算 1!+2!+3!+4!+…+10!的值。

答：编写程序如下。

```c
#include<stdio.h>
int main()
{
    long int term=1,sum=0;
    int i;
    for(i=1;i<=10; i++)
    {
        term=term*i;
        sum=sum+term;
    }
    printf("1!+2!+…+10!=%ld\n",sum);
}
```

运行结果：

1!+ 2!+ …+ 10!=4037913

3. 判断一个数 m(≥2)是否是素数有一种更高效的方法，即不用判断 2～m－1 这个范围内是否有一个数能被 m 整除，而是判断 2～$\sqrt{m}$ 这个范围内是否有一个数能被 m 整除，减少循环的次数。按照这个方法，改写例 6.8 的程序。

答：编写程序如下。

```c
#include<stdio.h>
#include<math.h>
int main()
{
    int m,i,k;
    printf("请输入一个大于或等于 2 的正整数：");
    scanf("%d",&m);
    for(i=2;i<=(int)sqrt(m);i++)
        if(m%i==0)
            break;
    if(i>(int)sqrt(m))
        printf("%d 是一个素数。\n",m);
    else
        printf("%d 不是一个素数。\n",m);
}
```

运行结果：

请输入一个大于或等于 2 的正整数：29
29 是一个素数。

4. 编写程序，输入一行字符，分别统计出其中英文字母、空格、数字和其他字符的个数。

答：编写程序如下。

```
#include<stdio.h>
int main()
{       char c;
        int letters=0,space=0,digit=0,other=0;
        printf("请输入一行字符:\n");
        while((c=getchar())!='\n')
    {   if(c>='a' && c<='z'||c>='A' && c<='Z')
        letters=letters+1;
    else
     if(c==' ')
        space=space+1;
     else
        if(c>='0' && c<='9')
            digit=digit+1;
        else
            other=other+1;
    }
        printf("字母数：%d\n 空格数：%d\n 数字数：%d\n 其他字符数：%d\n",letters,
    space,digit,other);
}
```

运行结果：

请输入一行字符：
abcdABCD   12345 !?101
字母数：8
空格数：3
数字数：8
其他字符数：2

5. 猴子吃桃问题。猴子第一天摘下若干桃子,当即吃了一半,还不过瘾,又多吃了一个。第二天早上又将剩下的桃子吃掉一半,又多吃了一个。以后每天早上都吃了前一天剩下的一半零一个。到第 10 天早上想再吃时,就只剩一个桃子了。编程计算第一天共摘多少个桃子。

答：编写程序如下。

```
#include<stdio.h>
int main()
{
   int i,x;
   x=1;
   for(i=1;i<=9;i++)
      x=(x+1)*2;
   printf("猴子第一天共摘了 %d 个桃子。\n",x);
}
```

运行结果：

猴子第一天共摘了 1534 个桃子。

习题 7 数 组

1. 编写程序，将一维数组中的值按逆序重新存放。例如，原顺序为 8、6、5、4、1，要求改为 1、4、5、6、8。

答：编写程序如下。

```
#include<stdio.h>
#define N 5
int main()
{
  int a[N]={8,6,5,4,1},i,temp;
  printf("\n original array:\n");
  for(i=0;i<N;i++)
    printf("%4d",a[i]);
  for(i=0;i<N/2;i++)
    {
      temp=a[i];
      a[i]=a[N-i-1];
      a[N-i-1]=temp;
    }
  printf("\n sorted array:\n");
  for(i=0;i<N;i++)
    printf("%4d",a[i]);
  printf("\n");
  return 0;
}
```

运行结果：

```
original array:
   8   6   5   4   1
sorted array:
   1   4   5   6   8
```

2. 编写程序，找出一个二维数组中的鞍点，即该位置上的元素在该行上最大，在该列上最小。也可能没有鞍点。若找到鞍点则输出鞍点的位置，没有鞍点则输出无鞍点信息。

答：编写程序如下。

```
#include<stdio.h>
#define N 10
#define M 10
int main()
{
  int i,j,k,m,n,flag1,flag2,a[N][M],max,maxi,maxj;
  printf("\n 输入行数 n:");
```

```
    scanf("%d",&n);
    printf("\n输入列数 m:");
    scanf("%d",&m);
    for(i=0;i<n;i++)
    {
      printf("第%d行:\n",i+1);
      for(j=0;j<m;j++)
      scanf("%d",&a[i][j]);
    }
    for(i=0;i<n;i++)
    {
    for(j=0;j<m;j++)
      printf("%5d",a[i][j]);
    printf("\n");
    }
    flag2=0;
    for(i=0;i<n;i++)
    { max=a[i][0];
      maxj=0;
      for(j=0;j<m;j++)
        if(a[i][j]>max)
        {
          max=a[i][j];
          maxj=j;
        }
      for(k=0,flag1=1;k<n&&flag1;k++)
      if(max>a[k][maxj])
        flag1=0;
      if(flag1)
        {
          printf("\n第%d行,第%d列的%d是鞍点\n",i+1,maxj+1,max);
          flag2=1;
        }
    }
    if(!flag2)
      printf("\n矩阵中无鞍点!\n");
    return 0;
}
```

运行结果：

输入行数 n: 2

输入列数 m: 3
第 1 行:
6 45 23

第2行：
34 6 87
　 6 45　23
　 34　6　 87

矩阵中无鞍点！

3. 有一行电文，已按照以下的规律译成密码：

A→Z　a→z
B→Y　b→y
C→X　c→x
…

即第一个字母变成第26个字母，第i个字母变成第(26－i+1)个字母，非字母字符不变，要求编写程序将密码译回原文，并输出密码和原文。

答：编写程序如下。

```c
#include<stdio.h>
#define N 80
int main()
{
  int i,n;
  char ch[N],tran[N];
  printf("请输入字符:");
  gets(ch);
  printf("\n原文是:%s",ch);
  i=0;
  while(ch[i]!='\0')
    {
    if((ch[i]>='A')&&(ch[i]<='Z'))
      tran[i]=26+64-ch[i]+1+64;
    else if((ch[i]>='a')&&(ch[i]<='z'))
      tran[i]=26+96-ch[i]+1+96;
    else tran[i]=ch[i];
  i++;
  }
  n=i;
  printf("\n密码是:");
  for(i=0;i<n;i++)
    putchar(tran[i]);
  printf("\n");
  return 0;
}
```

运行结果：

请输入字符：ksdfldf

原文是：ksdfldf
密码是：phwuowu

4. 编写一个程序，将两个字符串 s1、s2 比较，若 s1＞s2，则输出一个正数；若 s1=s2，则输出 0；若 s1＜s2，输出一个负数。不用 strcpy() 函数，两个字符串用 gets() 函数读入，输出的正数或负数的绝对值应是相比较的两个字符串相应字符的 ASCII 码的差值。例如，A 与 C 相比，由于 A＜C，应输出负数，同时由于 A 与 C 的 ASCII 码差值为 2，因此应输出−2。同理：And 和 Aid 比较，根据第二个字符比较结果，n 比 i 大 5，因此应该输出 5。

答：编写程序如下。

```
#include<stdio.h>
#define N 100
int main()
{
    int i,resu;
    char s1[N],s2[N];
    printf("请输入字符串1:");
    gets(s1);
    printf("请输入字符串2:");
    gets(s2);
    i=0;
    while((s1[i]==s2[i]) && (s1[i]!='\0'))
        i++;
    if(s1[i]=='\0'&&s2[i]=='\0')
        resu=0;
    else
        resu=s1[i]-s2[i];
    printf("%s 与 %s 比较结果是%d\n",s1,s2,resu);
    return 0;
}
```

运行结果：

请输入字符串 1: sakjfhdsf
请输入字符串 2: saJFD
sakjfhdsf 与 saJFD 比较结果是 33

5. 有一篇文章，共有 3 行文字，每行有 80 个字符。要求编写程序，分别统计出其中英文小写字母、大写字母、空格、数字以及其他字符的个数。

答：编写程序如下。

```
#include<stdio.h>
#include<string.h>
#define N 3
#define M 81
int main()
{
    char a[N][M];
    int i,j,len;
```

```
        int num[]={0,0,0,0,0};
        printf("输入 3 行字符串,统计大写字母、小写字母、数字和其他字符的个数\n");
        for(i=0;i<N;i++)
          gets(a[i]);
        for(i=0;i<N;i++)
        {
          len=strlen(a[i]);
          for(j=0;j<len;j++)
            {
              if(a[i][j]>='a'&&a[i][j]<='z')
                num[0]++;
              else if(a[i][j]>='A'&&a[i][j]<='Z')
                  num[1]++;
                else if(a[i][j]==' ')
                    num[2]++;
                  else if(a[i][j]>='1'&&a[i][j]<='9')
                      num[3]++;
                    else num[4]++;
            }
        }

        printf("英文小写字母%d\n 大写字母%d\n 空格%d\n 数字%d\n 其他字符的个数%d\n",num[0],
        num[1],num[2],num[3],num[4]);
        return 0;
}
```

运行结果：

输入 3 行字符串,统计大写字母、小写字母、数字和其他字符的个数
sfklsf dfsdfl4354fkgfg354 fdkfs
fskfhs 454 AABBCC df FFF Dfdjkeh
djfkhsjk dfsdfsf fsfsfkfsdf
英文小写字母 61
大写字母 10
空格 12
数字 10
其他字符的个数 0

6. 一个学习小组有 5 人,每个人有 3 门课的考试成绩。编写程序,求全组分科的平均成绩和各科总平均成绩,成绩取两位小数。

答：编写程序如下。

```
#include<stdio.h>
#define N 3
#define M 5
int main()
{
```

```
int i,j,s=0;
float average,v[N],a[M][N];
for(i=0;i<N;i++)
{
   if(i==0)
   {
      printf("数学成绩(5人)\n",i+1);
      for(j=0;j<M;j++)
        {
           scanf("%f",&a[j][i]);
           s=s+a[j][i];
        }
      v[i]=s/5.0;
      s=0;
   }
   if(i==1)
   {
      printf("C语言成绩(5人)\n",i+1);
      for(j=0;j<M;j++)
      {
         scanf("%f",&a[j][i]);
         s=s+a[j][i];
      }
      v[i]=s/5.0;
      s=0;
   }
   if(i==2)
   {
      printf("计算机基础成绩(5人)\n",i+1);
      for(j=0;j<M;j++)
      {
      scanf("%f",&a[j][i]);
      s=s+a[j][i];
      }
      v[i]=s/5.0;
      s=0;
   }
}
average=(v[0]+v[1]+v[2])/3.0;
printf("数学平均分:%.2f\nc语言平均分:%.2f\n计算机基础平均分:%.2f\n",v[0],v[1],v[2]);
   printf("总平均成绩:%.2f\n", average );
return 0;
}
```

运行结果：

数学成绩(5人)
67 98 90 78 56
C语言成绩(5人)
78 96 85 74 59
计算机基础成绩(5人)
88 67 93 85 55
数学平均分：77.80
C语言平均分：78.40
计算机基础平均分：77.60
总平均成绩：77.93

7. 编写程序，用"*"输出一个菱形。

答：编写程序如下。

```
#include<stdio.h>
#define N 5
int main()
{
    char diamond[][N]={{' ',' ','*'},{' ','*',' ','*'},{'*',' ',' ',' ','*'},
                       {' ','*',' ','*'},{' ',' ','*'}};
    int i,j;
    for(i=0;i<N;i++)
    {
        for(j=0;j<N;j++)
            printf("%c",diamond[i][j]);
        printf("\n");
    }
    return 0;
}
```

运行结果：

```
  *
 * *
*   *
 * *
  *
```

8. 从键盘输入若干整数，其值在0~9范围内，用-1作为输入结束的标志。编写程序，统计输入各整数的个数。

答：编写程序如下。

```
#include<stdio.h>
#define N 10
int main()
{
    int i,s[N]={0},x;
    printf("输入一些数字(要求在0~9之间,输入-1结束)\n");
    scanf("%d",&x);
```

```
    while(x!=-1)
    {
    if(x>=0&&x<=9)
       s[x]++;
    scanf("%d",&x);
    }
    for(i=0;i<N;i++)
       printf("%d: %d\n",i,s[i]);
return 0;
}
```

运行结果：

输入一些数字(要求在 0~9 之间,输入-1 结束)
4 6 8 9 3 2 5 4 3 8 6 9 0 4 3 7 -1
0: 1
1: 0
2: 1
3: 3
4: 3
5: 1
6: 2
7: 1
8: 2
9: 2

习题 8 函　　数

一、单项选择题

1. A　　2. C　　3. A　　4. A　　5. B

二、分析程序的运行结果

1. －2　　2. 5,25

三、程序设计题

1. 编写一个函数,函数的功能是输出 200 以内能被 3 整除且个位数为 6 的所有整数,同时编写主函数调用该函数进行验证。

答：编写程序如下。

```
#include<stdio.h>
void fun()
{   int i,n;
    for(i=0;i<20;i++)
    {   n=i*10+6;
        if(n%3!=0) continue;
        printf("%5d",n);
    }
```

```
        printf("\n");
}
int main()
{   fun();
    return 0;
}
```

运行结果：

6 36 66 96 126 156 186

2. 编写程序，用选择法对数组中 10 个整数按由小到大排序。

答：

编程思路：用一维数组 a 存放 10 个整数，所谓选择法就是先将 10 个数中最小的数与 a[0]对换；再将 a[1]~a[9]中最小的数与 a[1]对换，以此类推。每比较一轮，找出一个未经排序的数中最小的一个。共比较 9 轮。

编写程序如下。

```
#include<stdio.h>
int main()
{   void sort(int array[],int n);
    int a[10],i;
    printf("entry array:\n");
    for(i=0;i<10;i++)
        scanf("%d",&a[i]);
    sort(a,10);                         //调用 sort()函数
    printf("The sorted array:\n");
    for(i=0;i<10;i++)
        printf("%d  ",a[i]);
    printf("\n");
    return 0;
}
void sort(int array[],int n)
{   int i,j,k,t;
    for(i=0;i<n-1;i++)
    {   k=i;
        for(j=i+1;j<n;j++)
            if(array[j]<array[k])
                k=j;
        t=array[k];array[k]=array[i];array[i]=t;
    }
}
```

运行结果：

entry array:
1 2 4 3 5 6 9 8 7 10

```
The sorted array:
1  2  3  4  5  6  7  8  9  10
```

3. 编写函数 double round（double h），函数的功能是对变量 h 中的值保留两位小数，并对第 3 位进行四舍五入（规定 h 中的值为正数）。

例如：h 值为 8.32433，则函数返回 8.32；h 值为 8.32533，则函数返回 8.33。

答：

编程思路：h 乘以 1000 后正好是原小数点后第 3 位做了新数的个位数，然后再进行加 5 运算，如果原小数点后第 3 位为 4 及以下则加 5 后还是不能进一位（即四舍），如果是 5 及以上则加 5 后该位就要向前进一位数（即五入）。进行加 5 运算后除 10 再赋给一个整型变量，此时就只有原小数点第 2 位及以前各位保留在整型变量中，最后再对整型变量除 100，这样又出现了两位小数。

本题中，进行四舍五入后一定要赋给一个整型变量才能将不用部分彻底变成 0。

编写程序如下。

```c
#include<stdio.h>
double round(double h)
{   int t;
    h=h*1000;
    t=(h+5)/10;
    return (double)t/100;
}
int main()
{   double a;
    printf("Enter a:");
    scanf("%lf",&a);
    printf("The original data is:");
    printf("%f\n\n",a);
    printf("The result :%6.2f\n",round(a));
    return 0;
}
```

运行结果：

```
Enter a: 8.32433
The original data is: 8.324330

The result: 8.32
```

4. 编写一个函数，函数的功能是对长度为 7 个字符的字符串，除首、尾字符外，将其余 5 个字符按降序排列。例如，原来的字符串为 CEAedca，排序后输出为 CedcEAa。

答：

编程思路：本题用一维数组存放该字符串，采用的排序法是选择法进行降序排序，算法是用外 for() 循环从字符串的前端往后端移动，每个字符都用内嵌的 for() 循环在该字符后找出最大的字符与该字符进行换位。直到外 for() 循环走到最后一个字符。此外，此题还要注意把首尾字符除外,即在最外层 for() 循环中从数组下标 1 的字符开始,只到数组下标 num-2(num 为字符串中字符的个数)的字符即可。

编写程序如下。

```c
#include<stdio.h>
#include<string.h>

int str(char s[],int num)
{   int i,j,k,t;
    for(i=1;i<num-2;i++)
    {   k=i;
        for(j=i+1;j<num-1;j++)
            if(s[j]>s[k]) k=j;
        t=s[k];
        s[k]=s[i];
        s[i]=t;
    }
}

int main()
{   char s[10];
    printf("输入 7 个字符的字符串:");
    gets(s);
    str(s,7);
    printf("排列后的字符串为: %s\n",s);
    return 0;
}
```

运行结果:

输入 7 个字符的字符串: EdcHibR
排列后的字符串为: EidcbHR

5. 编写一个函数,由实参传来一个字符串和一个字符,统计此字符串中该字符出现的次数。在主函数中输入字符串和字符以及输出字符在字符串中的出现次数。

答:

编程思路:本题用 for 循环来控制字符的移动,每移动一个字符都要判断其(if(str[i]==ch))是否为指定的字母,若是则该字符出现的次数加 1。

编写程序如下。

```c
#include<stdio.h>
int main()
{
    int f1(char str[],char ch);
    char str[80];
    char ch;
```

```
    int n;
    printf("Please enter a string:");
    gets(str);
    printf("Please enter a char:");
    scanf("%c",&ch);
    n=f1(str,ch);
    printf("The number of the char is %d\n",n);
    return 0;
}
int f1(char str[],char ch)
{
    int i,j=0;
    for(i=0;str[i]!='\0';i++)
        if(str[i]==ch) j++;
    return j;
}
```

运行结果:

Please enter a string: I am a boy.
Please enter a char: a
The number of the char is 2

6. 用递归算法编写函数 total(),求 1 到 n 的累加和,同时编写主函数调用 total()进行验证。

答:编写程序如下。

```
#include<stdio.h>
int total(int n)
{   int sum=0;
    if(n==1)
       sum=n;
    else
       sum=n+total (n-1);
    return sum;
}

int main()
{   int n;
    printf("Please enter n:");
    scanf("%d",&n);
    printf("1 加到%d 的和是%d\n",n,total(n));
    return 0;
}
```

运行结果:

Please enter n: 6
1 加到 6 的和是 21

7. 一个人赶着一群鸭子去每个村庄卖,每经过一个村子卖去所赶鸭子的一半又一只。这样他经过了 7 个村子后还剩两只鸭子,问他出发时共赶了多少只鸭子？请用递归法实现。

答：

编程思路：编写函数 int duck(int n)表示经过 n 个村子后剩下的鸭子数目。已知每经过一个村子都卖掉现存的鸭子的一半又一只,经过 7 个村子后还剩下 2 只鸭子,所以 duck(7)的值是 2,而 duck(6)的值应该是(duck(7)+1)*2,duck(5)的值应该是(duck(6)+1)*2,以此类推,可以写出递归函数。

编写程序如下。

```
#include<stdio.h>
int main()
{   int duck(int n);
    printf("出发时共有%d只鸭子\n",duck(0));
    //输出未经过一个村子时的鸭子数,即出发时的数目
    return 0;
}
int duck(int n)        //求经过 n 个村子后剩下的鸭子数
{   int d;             //鸭子数
    if(n==7)
        d=2;
    else
        d=(duck(n+1)+1) * 2;
    return d;          //返回剩下的鸭子数
}
```

运行结果：

出发时共有 510 只鸭子

8. 从键盘输入一个班(全班最多不超过 30 人)学生某门课的成绩,当输入成绩为负值时,输入结束,分别用几个函数实现下列功能：

(1) 统计不及格人数并打印不及格学生名单。

(2) 统计成绩在全班平均分及平均分之上的学生人数,并打印这些学生的名单。

(3) 统计各分数段的学生人数及所占的百分比。

答：

编程思路：

(1) 编写函数 int ReadScore(int num[],float score[]),其中整型数组 num 存放学生学号,实型数组 score 存放学生成绩。函数的功能是从键盘输入一个班学生某门课的成绩及其学号,当输入成绩为负值时,输入结束。函数的返回值是学生总数。

(2) 编写函数 int GetFail(int num[],float score[],int n),其中整型数组 num 存放学生学号,实型数组 score 存放学生成绩,整型变量 n 存放学生总数。函数的功能是统计不及格人数并打印不及格学生名单。函数返回值是不及格人数。

(3) 编写函数 float GetAver(float score[],int n),其中实型数组 score 存放学生成绩,

整型变量 n 存放学生总数。函数的功能是计算全班平均分。函数返回值是全班的平均分。

（4）编写函数 int GetAboveAver(int num[],float score[],int n)，其中整型数组 num 存放学生学号，实型数组 score 存放学生成绩，整型变量 n 存放学生总数。函数的功能统计成绩在全班平均分及平均分之上的学生人数并打印其学生名单。函数的返回值是成绩在全班平均分及平均分之上的学生人数。

（5）编写函数 void GetDetail(float score[],int n)，其中实型数组 score 存放学生成绩，整型变量 n 存放学生总数。函数的功能是统计各分数段的学生人数及所占的百分比。

编写程序如下。

```c
#include<stdio.h>
#define ARR_SIZE 30

int ReadScore(int num[], float score[]);
int GetFail(int num[], float score[], int n);
float GetAver(float score[], int n);
int GetAboveAver(int num[], float score[], int n);
void GetDetail(float score[], int n);

int main()
{   int n, fail, aboveAver;
    float score[ARR_SIZE];
    int num[ARR_SIZE];
    printf("Please enter num and score until score<0:\n");
    n=ReadScore(num, score);
    printf("Total students:%d\n", n);
    fail=GetFail(num, score, n);
    printf("Fail students=%d\n",fail);
    aboveAver=GetAboveAver(num, score, n);
    printf("Above aver students=%d\n", aboveAver);
    GetDetail(score, n);
    return 0;
}
/*函数功能：从键盘输入一个班学生某门课的成绩及其学号
           当输入成绩为负值时或学生人数超过30人时，输入结束 */
int ReadScore(int num[], float score[])
            //数组 num 存放学生学号，数组 score 存放学生成绩
{   int i=0;
    scanf("%d%f", &num[i], &score[i]);
    while(score[i]>=0)
    {   i++;
        if(i==ARR_SIZE) return i;
        scanf("%d%f", &num[i], &score[i]);
    }
    return i;        //返回学生总数
```

```c
    }
/* 函数功能：统计不及格人数并打印不及格学生名单 */
int GetFail(int num[], float score[], int n)
//数组num存放学号，数组score存放学生成绩，n存放学生总数
{   int i, count;
    printf("Fail:\nnumber--score\n");
    count=0;
    for(i=0; i<n; i++)
    {   if(score[i]<60)
        {
            printf("%d------%.0f\n", num[i], score[i]);
            count++;
        }
    }
    return count;      //返回不及格人数
}
/* 函数功能：计算全班平均分 */
float GetAver(float score[], int n)
//数组score存放学生成绩，变量n存放学生总数
{   int i;
    float sum=0;
    for(i=0; i<n; i++)
    {
        sum=sum+score[i];
    }
    return sum/n;     //返回全班平均分
}
/* 函数功能：统计成绩为全班平均分及在平均分之上的学生人数并打印其学生名单 */
int GetAboveAver(int num[], float score[], int n)
                //num存放学号，score存放学生成绩，n存放学生总数
{   int i, count;
    float aver;
    aver=GetAver(score, n);
    printf("aver=%f\n", aver);
    printf("Above aver:\nnumber---score\n");
    count=0;
    for(i=0; i<n; i++)
    {   if(score[i]>=aver)
        {
            printf("%d--------%.0f\n", num[i], score[i]);
            count++;
        }
    }
    return count;     //返回成绩为全班平均分及在平均分之上的学生人数
}
```

```
/* 函数功能：统计各分数段的学生人数及所占的百分比 */
void GetDetail(float score[], int n)
//数组 score 存放学生成绩,变量 n 存放学生总数
{   int i, j, stu[6];
    for(i=0; i<6; i++)
    {
        stu[i]=0;
    }
    for(i=0; i<n; i++)
    {
        if(score[i]<60)
        {
            j=0;
        }
        else
        {
            j=((int)score[i]-50) / 10;
        }
        stu[j]++;
    }
    for(i=0; i<6; i++)
    {   if(i==0)
        {
            printf("<60   %d   %.2f%%\n", stu[i],
                (float)stu[i]/(float)n*100);
        }
        else if(i==5)
        {
            printf("   %d   %d   %.2f%%\n", (i+5)*10, stu[i],
                (float)stu[i]/(float)n*100);
        }
        else
        {
            printf("%d--%d   %d   %.2f%%\n", (i+5)*10, (i+5)*10+9,
                stu[i],(float)stu[i]/(float)n*100);
        }
    }
}
```

运行结果：

Please enter num and score until score< 0:
1 100
2 85
3 40
4 -5

```
Total students:3
Fail:
number--score
3------40
Fail students=1
aver=75.000000
Above aver:
number--score
1------100
2------85
Above aver students=2
<60      1  33.33%
60--69   0  0.00%
70--79   0  0.00%
80--89   1  33.33%
90--99   0  0.00%
   100   1  33.33%
```

习题9 指 针

一、单项选择题

1.C   2.C   3.A   4.C   5.A

二、分析程序的运行结果

1. a=0,b=7   2. Abcefg,efg   3. 3 5

三、程序设计题

1. 编写一个程序,在已知两个从小到大有序的数表中寻找都出现的第一个元素。

答：编写程序如下。

```
#define NULL 0
#include<stdio.h>
#include<conio.h>
int * search2(int * pa,int * pb,int an,int bn)
{   int * ca, * cb;
    ca=pa;cb=pb;                        /* 为 ca、cb 设定初值 */
    while(ca<pa+an&&cb<pb+bn)           /* 两个数表都未考查完 */
    {                                   /* 在两个数表中找下一个相等的元素 */
        if(* ca< * cb)                  /* 数表1的当前元素<数表2的当前元素 */
            ca++;                       /* 调整数表1的当前元素指针 */
        else if(* ca> * cb)             /* 数表1的当前元素>数表2的当前元素 */
            cb++;                       /* 调整数表2的当前元素指针 */
        else                            /* 数表1的当前元素==数表2的当前元素 */
                                        /* 在前两个数表中找到相等元素 */
            return ca;                  /* 返回在这两个数表中找到的相等元素 */
    }
```

```
        return NULL;
}
int main()                              /* 只是为了引用函数 search2( ) */
{   int * vp,i;
    int a[ ]={1,3,5,7,9,13,15,27,29,37};
    int b[ ]={2,4,6,8,10,13,14,27,29,37};
    puts("The elements of array a is:");
    for(i=0;i<sizeof(a)/sizeof(a[0]);i++)
        printf(" %d",a[i]);
    puts("\nThe elements of array b is:");
    for(i=0;i<sizeof(b)/sizeof(b[0]);i++)
        printf(" %d",b[i]);
    vp=search2(a,b,sizeof a/sizeof a[0],sizeof b/sizeof b[0]);
    if(vp) printf("\nThe first same number in both arrays is %d\n", * vp);
    else printf("Not found!\n");
    return 0;
}
```

运行结果：

The elements of array a is:
1 3 5 7 9 13 15 27 29 37
The elements of array b is:
2 4 6 8 10 13 14 27 29 37
The first same number in both arrays is 13

2. 输入一个 2×3 的整数矩阵和一个 3×4 的整数矩阵，编写程序，用指针数组实现这两个矩阵的相乘。

答：

编程思路：使用一个 2×3 的二维数组和一个 3×4 的二维数组保存原矩阵的数据；用一个 2×4 的二维数组保存结果矩阵的数据。结果矩阵的每个元素都需要进行计算，可以用一个嵌套的循环（外层循环 2 次，内层循环 4 次）实现。

根据矩阵的运算规则，内层循环里可以再使用一个循环，累加得到每个元素的值。共使用三层嵌套的循环。

编写程序如下。

```
#include<stdio.h>
int main()
{   int i,j,k, a[2][3],b[3][4],c[2][4];             //输入 a[2][3]的内容
    printf("\nPlease input elements of a[2][3]:\n");
    for(i=0;i<2;i++)
        for(j=0;j<3;j++)
            scanf("%d", a[i]+j);                    // a[i]+j 等价于 &a[i][j]
    printf("Please input elements of b[3][4]:\n");  //输入 b[3][4]的内容
    for(i=0;i<3;i++)
        for(j=0;j<4;j++)
```

```
        scanf("%d", *(b+i)+j);                    //(b+i)+j 等价于 &b[i][j]
    //用矩阵运算的公式计算结果
    for(i=0;i<2;i++)
    for(j=0;j<4;j++)
    { *(c[i]+j)=0;                                //(c[i]+j) 等价于 c[i][j]
      for(k=0;k<3;k++)
      *(c[i]+j)+=a[i][k]*b[k][j];
    }
    //输出结果矩阵 c[2][4]
    printf("Results: ");
    for(i=0;i<2;i++)
    { printf("\n");
      for(j=0;j<4;j++)
      printf("%d ", *(*(c+i)+j));                 //(*(c+i)+j) 等价于 c[i][j]
    }
    return 0;
}
```

运行结果：

```
Please input elements of a[2][3]:
1 2 3
4 5 6
Please input elements of b[3][4]:
1 2 3 4
5 6 7 8
9 10 11 12
Results:
38 44 50 56
83 98 113 128
```

3. 用一维数组和指针变量作函数参数，编程打印某班一门课成绩的最高分及该学生的学号。

答：

编程思路：从键盘输入学生人数，主函数中引用一个子函数来计算最高分及最高分学生的学号，函数参数中，定义整型数组参数存储学生的成绩，定义长整型数组存储学生的学号，定义长整型指针变量存储求出来的最高分学生的学号。

编写程序如下。

```
#include<stdio.h>
#define ARR_SIZE 40               /*定义数组的长度*/
int FindMax( int score[],long num[],int n,long *PMaxNum);
int main()
{ int score[ARR_SIZE],maxScore,n,i;
  long num[ARR_SIZE],maxNum;
  printf("Please Enter Total Number\n");
```

```
    scanf("%d",&n);                    /* 从键盘输入学生人数 n */
    printf("Please Enter the Number and score:\n");
    for(i=0;i<n;i++)                   /* 分别以长整型和整型格式输入学生的学号和成绩 */
    { scanf("%d,%d",&num[i],&score[i]);
    }
    maxScore=FindMax(score,num,n,&maxNum);    /* 计算最高分及其学号 */
    printf("maxScore=%d,maxNum=%d\n",maxScore,maxNum);
    return 0;
}
/* 函数功能：计算最高分及最高分学生的学号 */
int FindMax( int score[],long num[],int n,long *PMaxNum)
{ int i;
  int maxScore;
  maxScore=score[0];         /* PMaxNum=num[0];   /* 假设 score[0]为最高分 */
  for(i=1;i<n;i++)
    if(score[i]>maxScore)
    { maxScore=score[i];            /* 记录最高分 */
      *PMaxNum=num[i];              /* 记录最高分学生的学号 num[i] */
    }
  return(maxScore);                 /* 返回最高分 maxScore */
}
```

运行结果：

```
Please Enter Total Number
5
Please Enter the Number and score:
1,44
2,56
3,78
4,99
5,67
maxScore=99,maxNum=4
```

4. 编写一个程序，输入 10 个字符串，对其进行排序（由小到大）后输出。

答：

编程思路：假设输入的每个字符串中的字符个数不超过 10 个，那么输入的 10 个字符串就是十行十列的字符数组，那么就需要有一个指针可以访问行，即需要一个指向二维数组的指针，再用冒泡排序法对其进行排序后输出。

编写程序如下。

```
#include<stdio.h>
#include<string.h>
int main()
{ void paixu(char (*p)[10]);
  char a[10][10],(*p)[10],i;
```

```
        printf("请输入 10 个字符串(每个字符串长度不大于 10):\n");
        for(i=0;i<10;i++)
          { scanf("%s",a[i]);           //按行输入
          }
        p=a;                             //p 指向二维数组的第 0 行,注意不能写成 p=a[0]
        paixu(p);
        printf("排序后为:\n");
        for(i=0;i<10;i++)
          { printf("%s\n",a[i]);        //按行输出
          }
return 0;
}
void paixu(char(*p)[10])
{ //注意:此时 p 已经指向二维数组的首行
     int i,j;
     char temp[10],*t=temp;           //这里不能直接定义*t,因为(*p)[10]必须指向二维数组
     for(i=0;i<9;i++)                  //9 趟排序
       { for(j=0;j<9-i;j++)
         { if(strcmp(p[j],p[j+1])>0)   //只要前一行大于后一行就交换
           { strcpy(t,p[j]);           //这里不好理解,p[j]就是 p 指向 j 行
             strcpy(p[j],p[j+1]);
             strcpy(p[j+1],t);
           }
         }
       }
}
```

运行结果:

请输入 10 个字符串(每个字符串长度不大于 10):
world zhongguo guangdong guangzhou tianhe shipai diannao xianshi mouse keyboard
排序后为:
diannao
guangdong
guangzhou
keyboard
mouse
shipai
tianhe
world
xianshi
zhongguo

5. 用指针实现模拟彩票的程序,在 1~45 的 45 个数中随机产生 6 个数字与用户输入的数字进行比较,编程输出它们相同的数字个数。

答：编写程序如下。

```c
#include<stdio.h>
#include<time.h>
#include<stdlib.h>
int main()
{   int *p,*q,a[6];
    int i,j,flag,n=0;
    while(n==0){
    p=(int *)malloc(6*sizeof(int));
    q=p;
    srand(time(0));
    printf("请输入 6 个数(1~45)\n");
    for(i=0;i<6;i++,p++)
    {   *p=rand()%45+1;      //随机生成 6 个不重复的数
        scanf("%d",&a[i]);   //用户输入的 6 个数
    }
    p=q;
    for(i=0;i<6;i++)
    {   for(j=0;j<6;j++)
        if(*(p+i)==a[j])     //比较随机生成的数与用户输入的数是否相同
            n++;
    }
    printf("猜中的次数为\n");
    printf("%d\n",n);
    }
    return 0;
}
```

运行结果：

请输入 6 个数(1~45)
22 33 13 15 33 42
猜中的次数为
0
请输入 6 个数(1~45)
3 5 7 4 6 10
猜中的次数为
2

6. 输入一个字符串,内有数字和非数字字符。例如：a123x456 1860 212yz789。将其中连续的数字作为一个整数,依次存放到一维数组 a 中,例如,123 放在 a[0],456 放在 a[1],以此类推,请统计共有多少个整数,并输出这些整数。

答：

编程思路：当指针指向的一个元素是数字,即处在'0'和'9'之间的字符时开始记数,如果下一个仍然是数字,那么记数 m 自加。若下一个元素不是数字,那么判断当前记数 m 是不

是大于 0(即至少有一位),如果记数 m 大于 0 的话,就把一个完整的数字序列转换成一个整数。

编写程序如下。

```c
#include<stdio.h>
int fun(char *,int *);
int main()
{   char b[40];int a[40]={0};
    gets(b);
    fun(b,a);
return 0;
}
int fun(char * b,int * a)
{   int * n,sum=0,i=1,m=0,r=0;
    n=a;
    do
    {   if((*b)>='0'&&(*b)<='9')        //判断字符串中的字符是否是 0~9 的数
        {   sum*=10;
            sum+=*b-48;
            if(*(b+1)<'0'||*(b+1)>'9') r=1;
        }
        else if(r==1)
        {   i=1;r=0;
            *a=sum;
            a++;
            m++;
            sum=0;
        }
        b++;
    }while(*(b-1)!='\0');               //字符串不等于结束符
    printf("num=%d\n",m);
    a=n;
    while(*a!=0)
    {   if(*(a+1)!=0) printf("%d ",*a);
        else printf("%d\n",*a);
        a++;
    }
    return 0;
}
```

运行结果:

hao123@456 is 360.com,126.net12580
num=5
123 456 360 126 12580

7. 编写程序设计一个"万年历",键盘输入任一年,输出该年的日历,对应的星期;第一行显示星期(从周日到周六),第二行开始显示日期从1号开始,并按其是周几的实际情况与上面的星期数垂直对齐(注意闰年情况)。

答：

编程思路：要想在输入任一年份后显示出该年的所有月份日期,应该先设计具体的输出格式；判断是不是闰年的语句为(year%4!=0||year%100==0&&year%400!=0),满足条件的就是闰年。然后把一年中的所有月份分为四类(28,29,30,31)。接下来判断任意一年第一天是星期几,语句为(year+(year-1)/4-(year-1)/100+(year-1)/400)%7。最后就是对任一年月份、星期和天数的循环。输入任一年份,依次执行程序,输出结果。

编写程序如下。

```
#include<stdio.h>
int judge(int year,int month)
{   if(month==1||month==3||month==5||month==7||month==8||month==10||month==12)
        return(1);
    else if(month==2)
    {   if(year%4!=0||year%100==0&&year%400!=0)      //判断是否为闰年
            return(2);
        else return(3);
    }
    else return(4);
}
int main()
{   int year,i,j,a,n,m,k;
    char ** p;                                       //多重指针
    char * week[]={"Sun","Mon","Tue","Wed","Thu","Fri","Sat"};
    char * month[]={"January","February","March","April","May","June","July",
                "August","September","October","November","December"};
    printf("please enter the year:");
    scanf("%d",&year);                               //输入年份
    printf("\n");
    printf("the calendar of the year%d.",year);
    printf("\n");
    a=(year+(year-1)/4-(year-1)/100+(year-1)/400)%7;
    for(i=0;i<12;i++)
    {   n=judge(year,i+1);
        p=month+i;
        printf("%s\n",* p);
        printf("\n");
        for(j=0;j<7;j++)
        {   p=week+j;
            printf("%6s",* p);
        }
        printf("\n");
```

```
            for(k=0;k<a;k++)
                printf("    ");
            for(m=1;m<32;m++)
            {   printf("%6d",m);
                if((a+m)%7==0)
                    printf("\n");
                if(n==1&&m==31) break;
                    else if(n==2&&m==28) break;
                    else if(n==3&&m==29) break;
                    else if(n==4&&m==30) break;
            }
            a=(a+m)%7;
            printf("\n");
            printf("===============================================");
            printf("\n");
        }
        return 0;
    }
```

运行结果：

```
please enter the year:2010
the calendar of the year 2010.
January
    Sun   Mon   Tue   Wed   Thu   Fri   Sat
                                    1     2
     3     4     5     6     7     8     9
    10    11    12    13    14    15    16
    17    18    19    20    21    22    23
    24    25    26    27    28    29    30
    31
===============================================
February(略)
```

8. 编写替换字符的函数 replace(char * str,char * fstr,char * rstr)，将 str 所指字符串中凡是与 fstr 字符串相同的字符替换成 rstr(rstr 与 fstr 字符长度不一定相同)。从主函数中输入原始字符串、查找字符串和替换字符串，调用函数得到结果。

答：编写程序如下。

```
#include<stdio.h>
#include<stdlib.h>
#include<string.h>
int pan(char *p,char *q)           //判断当前 str 的位置是否是 q
{   int i,k;
    k=strlen(q);
    for(i=0;i<k;i++)
        if(*(p+i)!=*(q+i))return 0;
```

```
        return 1;
}
void replace(char * str,char * fstr,char * rstr)
{   int i,j,k,l,m;
    char a[400], * b=a;
    k=strlen(str);l=strlen(fstr);
    for(m=0,i=0;i<k;)
        if(pan(str+i,fstr))          //如果当前位置是 fstr,执行替换
        {for(j=0; * (rstr+j)!='\0';j++)
        { * (b+m) = * (rstr+j);
         m++;
        }
        i+=l;
        }
        else
        { * (b+m) = * (str+i);
         m++;
          i++;}
     * (b+m)='\0';
    strcpy(str,b);                  //把 b 字符串覆盖 str 字符串
}
int main()
{   char str[400],fstr[30],rstr[30];
    gets(str);gets(fstr);gets(rstr);
    replace(str,fstr,rstr);
    puts(str);
    return 0;
}
```

运行结果：

hi,i am a baby!
am
have
hi,i have a baby!

习题 10　结构体、共用体和枚举类型

一、单项选择题
1. C   2. A   3. B   4. A   5. A
二、分析程序的运行结果
1. Mike
2. name：zhang,total=185.00
   name：wu,total=178.00

三、程序设计题

1. 编写程序，利用结构体类型，根据输入的日期(包括年、月、日)，计算出该天在本年中是第几天。

答：本题要解决如下问题。

(1) 涉及年的天数问题，要考虑是平年还是闰年，判断闰年的条件是：年份能被4整除，但不能被100整除；能被400整除。

(2) 计算某日期在本年中是第几天的问题，计算方法是从1月开始累加，直到所输入的月份为止，要注意的是，若是闰年并且是3月份以后的要加多1天。在此，要累加某月之前的所有天数，有三种思路可解决：第一种是使用switch语句，根据不同的月份累加前面所有月份的天数，如2月，则天数等于输入的日加上31；第二种是使用一维数组"记住"12个月对应的天数；第三种是结合平年或闰年，使用二维数组"记住"天数，其中一维下标是0或1，代表平年或闰年，二维则是代表12个月对应的天数。

● 解法一

编写程序如下。

```c
#include<stdio.h>
struct
{ int year;
  int month;
  int day;
}date;

int main()
{ int days;                          //天数
  printf("请输入年、月、日:");
  scanf("%d%d%d",&date.year,&date.month,&date.day);
  switch(date.month)
  { case 1: days=date.day;       break;
    case 2: days=date.day+31; break;
    case 3: days=date.day+59; break;
    case 4: days=date.day+90; break;
    case 5: days=date.day+120; break;
    case 6: days=date.day+151; break;
    case 7: days=date.day+181; break;
    case 8: days=date.day+212; break;
    case 9: days=date.day+243; break;
    case 10: days=date.day+273; break;
    case 11: days=date.day+304; break;
    case 12: days=date.day+334; break;
  }
  if((date.year%4==0 && date.year%100 !=0||date.year%400==0) && date.month>=3)
    days+=1;
  printf("%d年%d月%d日是%d年的第%d天。\n",date.year,date.month,date.day,date.
```

```
     year,days);
   return 0;
}
```

运行结果：

请输入年、月、日：2022 9 10
2022 年 9 月 10 日是 2022 年的第 253 天。

● 解法二

编写程序如下。

```
#include<stdio.h>
struct
  { int year;
    int month;
    int day;
  }date;

int main()
{ int days,i;                    //天数
  int day_tab[13]={0,31,28,31,30,31,30,31,31,30,31,30,31};
  printf("请输入年、月、日:");
  scanf("%d%d%d",&date.year,&date.month,&date.day);
  days=0;
  for(i=1;i<date.month;i++)
    days=days+day_tab[i];
  days=days+date.day;
  if((date.year%4==0 && date.year%100!=0 || date.year%400==0) && date.month>=3)
    days+=1;
  printf("%d年%d月%d日是%d年的第%d天。\n",date.year,date.month,date.day,date.year,days);
  return 0;
}
```

运行结果：

请输入年、月、日：2022 9 10
2022 年 9 月 10 日是 2022 年的第 253 天。

● 解法三

编写程序如下：

```
#include<stdio.h>
struct
  { int year;
    int month;
    int day;
```

```c
        }date;

int main()
{   int i,days,leap;                              //天数
    int day_tab[2][13]={{0,31,28,31,30,31,30,31,31,30,31,30,31},
    {0,31,29,31,30,31,30,31,31,30,31,30,31}};     //分别列举平年和闰年
    printf("请输入年、月、日:");
    scanf("%d%d%d",&date.year,&date.month,&date.day);
    days=0;
    leap=(date.year%4==0 && date.year%100!=0 || date.year%400==0);
    for(i=1;i<date.month;i++)
       days=days+day_tab[leap][i];
    days=days+date.day;
    printf("%d年%d月%d日是%d年的第%d天。\n",date.year,date.month,date.day,date.year,days);
    return 0;
}
```

运行结果：

请输入年、月、日：2022 9 10
2022 年 9 月 10 日是 2022 年的第 253 天。

思考：根据输入的年份和天数，如何求出对应的日期？

2. 编写程序，在屏幕上模拟显示一个数字式电子时钟。

答：编程思路如下。

(1) 确定数据类型。因为时间有时、分、秒，所以用结构体表示。

(2) 明确时钟的变化。时钟均匀地增 1 变化，达到 60 秒就变成 1 分，60 分变成 1 小时，24 小时又变成 0 小时。

(3) 设计时钟的动态变化。采用 for 循环语句，设计循环次数大些，如 5 000 000，运行的动态效果较明显。

基于以上分析，设计 3 个函数来实现数字式电子时钟的显示，因为时间每增加一秒就需要变化显示一次，所以函数的参数采用指针。

编写程序如下。

```c
#include<stdio.h>
struct Clock
{
    int hour;
    int minute;
    int second;
};
typedef struct Clock CLOCK;        //运用 typedef 定义 CLOCK
void Update(CLOCK * t);
void Display(CLOCK * t);
```

```
void Delay(void);
int main()
{
    CLOCK t;
    long i;
    t.hour=t.minute=t.second=0;
    for(i=0; i<100000; i++)        //时间的运行次数。共显示 100 000 秒后就结束。次数
                                   //自行设定
    {
        Update(&t);
        Display(&t);
        Delay();
    }
    return 0;
}
void Update(CLOCK * t)             //更新时间的变化
{
    t->second++;
    if(t->second==60)
    {
        t->minute++;
        t->second=0;
    }
    if(t->minute==60)
    {
        t->hour++;
        t->minute=0;
    }
    if(t->hour==24)
    {   t->hour=0;}
}
void Display(CLOCK * t)            //显示时间的时、分、秒
{
    printf("%2d:%2d:%2d\r",t->hour,t->minute,t->second);
}
void Delay()
{
    long m;
    for(m=0;m<5000000;m++)         //秒与秒之间的停留时间,值越小,电子时钟显示越快
    {;}
}
```

运行结果：

1:6:10

3. 编写程序,计算某个不同尺寸、不同材料的长方体箱子的造价,要求输入箱子的尺寸

及其材料的单位面积价格(如每平方米多少钱),计算该箱子的造价并输出相关信息。要求用指针作为函数参数来完成。

答:编程思路如下。

(1) 设计箱子的结构体,其成员有长方体的长、宽、高和材料的单位面积价格。

(2) 定义三个函数分别用于输入相关信息、计算价格、输出相关信息。

下面以结构体指针作为参数来进一步细化以上两个问题。

(1) 输入函数 input() 的参数设计为指向结构体变量的指针以进行信息的传递,输入函数的返回类型为 void。

(2) 计算造价的函数 value() 的设计与 input() 函数相似。

(3) 输出函数 output() 的参数设计为指向结构体变量的指针以进行信息的传递,输出函数的返回类型为 void。

编写程序如下。

```c
#include<stdio.h>
struct Box_type
{   float length,width,high;          //箱子的长、宽、高
    float per_price;                  //材料的单位面积价格
    float total_price;                //箱子总价格
};
int main()
{   void input(struct Box_type * box_p);
    void value(struct Box_type * box_p);
    void output(struct Box_type * box_p);
    struct Box_type box;
    input(&box);
    value(&box);
    output(&box);
    return 0;
}
//输入箱子信息
void input(struct Box_type * box_p)
{   printf("请输入箱子的长、宽、高和材料的单位面积价格:\n");
    scanf("%f%f%f%f",&box_p->length,&box_p->width,&box_p->high,&box_p->per_price);
}
//计算箱子的造价
void value(struct Box_type * box_p)
{   float area;                       //箱子表面积
    area=(box_p->length * box_p->width+box_p->length * box_p->high+box_p->width * box_p->high) * 2;
    box_p->total_price=area * box_p->per_price;
}
//输出箱子信息
void output(struct Box_type * box_p)
```

```
    {   printf("\n箱子的长、宽、高、单价、总造价为:\n");
        printf("长\t宽\t高\t单价\t造价\n");
        printf("%.1f%8.1f%8.1f%8.1f%10.1f\n",box_p->length,box_p->width,box_p->
    high,box_p->per_price,box_p->total_price);
    }
```

运行结果:

请输入箱子的长、宽、高和材料的单位面积价格:
30 20 10 10.5

箱子的长、宽、高、单价、总造价为:
长   宽   高   单价   造价
30.0   20.0   10.0   10.5   23100.0

4. 编写程序,计算某个班学生 C 语言课程的成绩并统计一些信息。为方便输入信息,假设有 3 名学生,小数位数字保留一位。具体实现功能如下:

(1) 学生数据包括学号(int)、姓名(char)、平时成绩(float)、实验成绩(float)、期末成绩(float)和总评(float)共 6 项,现输入 3 名学生的前 5 项数据。

(2) 根据公式:总评=平时成绩×10%+实验成绩×30%+期末成绩×60%,计算学生的总评成绩。

(3) 输出学生成绩。

(4) 根据总评计算本课程的平均分(float),输出平均分及高于平均分的学生的信息。

(5) 按各分数段统计相应人数并输出,分数段为 0~59.9 分、60~69.9 分、70~79.9 分、80~89.9 分、90 分以上。

答:根据如上 5 个功能的要求,分别设计 5 个函数来实现。对于函数的参数和返回值,可采用结构体数组或结构体指针变量作参数,在此采用结构体数组作参数的方式来实现数值的传递。本题的难点是分数段的统计,共定义 5 个局部变量用于统计各分数段的人数,之后输出相应的值,当然也可以通过设置全局变量来实现。

编写程序如下。

```
#include<stdio.h>
#define N 3
struct Score
{   int num;
    char name[10];
    float pac_score,exp_score,final_score,gen_score;    //平时成绩、实验成绩、期末
                                                        //成绩和总评成绩
} stu[N];
//①输入学生成绩
void input(struct Score stud[],int n)
{   int i;
    printf("请输入%2d名学生的学号、姓名、平时成绩、实验成绩、期末成绩:\n",N);
    for(i=0;i<n;i++)
        scanf("%d%s%f%f%f",&stud[i].num,stud[i].name,&stud[i].pac_score,
```

```c
            &stud[i].exp_score,&stud[i].final_score);
}
//②计算学生的总评成绩
void count_score(struct Score stud[],int n)
{   int i;
    for(i=0;i<n;i++)
        stud[i].gen_score=stud[i].pac_score * 0.1+stud[i].exp_score * 0.3+
                stud[i].final_score * 0.6;
}
//③输出学生成绩
void output(struct Score stud[],int n)
{   int i;
    printf("\n 本班学生 C 语言课程的成绩如下:\n");
    printf("学号\t 姓名\t 平时成绩\t 实验成绩\t 期末成绩\t 总评成绩\n");
    for(i=0;i<n;i++)
        printf ("%d\t%s\t%-10.1f\t%-10.1f\t%-10.1f\t%-10.1f\n",stud[i].num,stud
                [i].name,stud[i].pac_score,stud[i].exp_score,stud[i].final_score,
                stud[i].gen_score);
}
//④根据总评计算本课程的平均分及高于平均分的学生的信息
void average(struct Score stud[],int n)
{   int i;
    float sum=0,ave;
    for(i=0;i<n;i++)
        sum=sum+stud[i].gen_score;
    ave=sum/n;
    printf("\n 本班 C 语言成绩的平均分是:%4.1f\n",ave);
    for(i=0;i<n;i++)
        sum=sum+stud[i].gen_score;
    printf("成绩高于平均分%4.1f 的学生有:\n",ave);
    printf("学号\t 姓名\t 平时成绩\t 实验成绩\t 期末成绩\t 总评成绩\n");
    for(i=0;i<n;i++)
        if(stud[i].gen_score>=ave)
            printf ("%d\t%s\t%-10.1f\t%-10.1f\t%-10.1f\t%-10.1f\n",stud[i].num,stud
                    [i].name,stud[i].pac_score,stud[i].exp_score,stud[i].final_
                    score,stud[i].gen_score);
}
//⑤按各分数段统计相应人数并输出,分数段为 0~59.9 分、60~69.9 分、70~79.9 分、80~89.9 分、
  90 分以上
void count(struct Score stud[],int n)
{   int i,count59,count69,count79,count89,count90;
    count59=count69=count79=count89=count90=0;
    for(i=0;i<n;i++)
    {
        if(stud[i].gen_score<60) count59++;
          else    if(stud[i].gen_score<70) count69++;
            else    if(stud[i].gen_score<80) count79++;
```

```
            else     if(stud[i].gen_score<90) count89++;
                     else count90++;
    }
    printf("\n 统计各分数段的结果是:\n");
    printf ("0~59.9 分的有%3d 人\n60~69.9 分的有%2d 人\n70~79.9 分的有%2d 人\n80~89.9
            分的有%2d 人\n90 分以上的有%d 人\n", count59, count69, count79, count89,
            count90);
}

int main()
{   struct Score stu[N];
    input(stu,N);
    count_score(stu,N);
    output(stu,N);
    average(stu,N);
    count(stu,N);
    return 0;
}
```

运行结果：

请输入 3 名学生的学号、姓名、平时成绩、实验成绩、期末成绩：
2211101   张志   95 95 90
2211102   曾玲   85 90 92
2211103   刘玉兰   90 85 88

本班学生 C 语言课程的成绩如下：

学号	姓名	平时成绩	实验成绩	期末成绩	总评
2211101	张志	95.0	95.0	90.0	92.0
2211102	曾玲	85.0	90.0	92.0	90.7
2211103	刘玉兰	90.0	85.0	88.0	87.3

本班 C 语言成绩的平均分是：90.0
成绩高于平均分 90.0 的学生有：

学号	姓名	平时成绩	实验成绩	期末成绩	总评
2211101	张志	95.0	95.0	90.0	92.0
2211102	曾玲	85.0	90.0	92.0	90.7

统计各分数段的结果是：
0~59.9 分的有 0 人
60~69.9 分的有 0 人
70~79.9 分的有 0 人
80~89.9 分的有 1 人
90 分以上的有 2 人

5. 编写程序，用链表实现某个班学生成绩的管理，包括成绩表的建立、查找、插入、删除、输出 5 个基本操作。假设成绩表只含学号和成绩两项，当输入学号、成绩为 0 时,结束建

立、查找、插入、删除各操作。各操作均用函数完成,内容要求如下:

(1) 建立单链表,完成成绩表的建立。

(2) 按学号查找该生信息。

(3) 插入一个节点。

(4) 删除一个节点。

(5) 输出链表内容。

(6) 在主函数中指定需要查找、插入和删除的学号。

其他扩展要求:① 可在主函数中实现查找、插入、删除多个节点;② 可在主函数中实现简易菜单操作。

答:编程思路如下。

本题的题意为分别用函数实现建立、查找、插入、删除、输出 5 个基本操作。为了更好地体会链表的灵活性,本题程序的主函数是实现扩展要求的内容。现一一解答如下。

本题的结构体 struct Student 的定义仍然如下。

```
struct Student
{   int num;
    float score;
    struct Student * next;
};
```

(1) 建立链表的操作在主教材 10.2.3 节中已详细讲解,在此略过。

(2) 按学号查找学生信息。

链表的查找操作实际上与链表的输出操作相似,就是有条件地遍历链表,而不是从头至尾地遍历链表。

查找链表中某个节点的基本步骤如下。

步骤 1:定义一个指针 p 指向头节点。

步骤 2:若找到符合条件或 p 的指针域为空,转步骤 4;否则转步骤 3。

步骤 3:p 指针移到下一个节点,转步骤 2。

步骤 4:若找到符合条件的节点,则输出 p 所指向节点数据域中的数据。

步骤 5:若 p 移动到最后一个节点仍没找到,则输出信息。

查找节点时也与输出链表一样,必须确定单链表的头指针,所以设计函数时,其中一个形参是头指针。

现根据题目要求,以按学号查找为目标进行问题分析,得出图 7.11 所示的查找节点的 N-S 图。

其中:

① search()函数用于查找节点,它是从第一个节点查找符合条件的节点,要从其他操作的函数中获得头指针,因此形参用结构体。

② 因为要查找符合条件的节点,所以在此不能只简单地判断 p->next=NULL,而要加上 p->num 是否等于要查找的学号。经过指针的移动,再判断,所以用循环语句。如果找到符合要求的学号而 p 指针又没到表尾,就停止 p 的移动。如果 p->num 等于所要找的学号,则输出该学号的学生信息,否则输出一些结果信息,如"没有找到"。

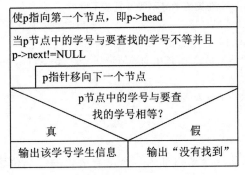

图 7.11 查找节点 N-S 图

③ 假设已有链表如图 7.12(a)所示,现要查找的学号为 2211104(以查找最后一个节点为例,因为中间节点的查找容易理解),search( )函数的执行过程可用图 7.12(b)表示。图 7.12(b)表示 p 指针从第一个节点开始查找,因为学号均不等于 2211104,所以一直找到第 4 个节点,此时,虽然 p->num 等于学号,但因为 p->next 等于 NULL,所以停止移动,p 定位在链尾。注意,判断的条件除了学号外,要加 p->next 是否等于 NULL,而不能说 p 是否等于 NULL。接下来判断学号是否相等,若是,输出信息。还有一种情况,p 移动到了链表,但学号不是目标,例如,假如要查找的学号为 2211105,那么链表也会停在图 7.12(b)中。因此尾节点是特殊节点,到底尾节点是要找的学号还是要找的学号不在链表中呢?这就需要判断,因此在程序中,要写个 if 语句。

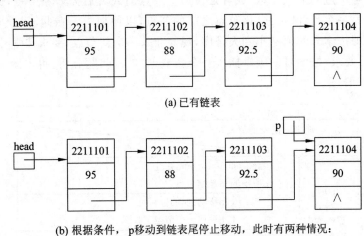

图 7.12 查找节点

④ 节点的查找要考虑指针的移动及尾节点的特殊性的判断。
编写函数如下。

```
void search(struct Student * head, int s_num)
{   struct Student * p;
    p=head;
    while(p->num!=s_num && p->next!=NULL)
```

```
                                    //当前节点的 num 与要查找的学号不等并且表不空时
      p=p->next;                                      //p 指向下一个节点
if(p->num==s_num)
   printf("查找的学号是：%d,该生的成绩是%5.1f",p->num,p->score);
else
   printf("没有找到学号为 %d 的学生!",s_num);
};
```

（3）插入一个节点。

链表的插入操作是指将一个节点插入一个已有链表的适当位置,之后链表的长度加 1。在链表中插入一个新节点的基本步骤如下。

步骤 1：新建一个节点。

步骤 2：找到插入位置,根据情况实现插入。

由于表的特殊性,所以新节点的插入要考虑以下两种情况：

① 原链表是空的,则插入的节点成为链表的首节点；

② 原链表不是空的,则要寻找插入位置。

插入位置有 3 种情况：插入在首节点之前、插入在尾节点之后、插入在某两个节点之间。

原链表的顺序和插入条件相结合有多种情况,根据对原来的链表某个数据域的值是否有序,插入的要求等条件,设计的函数是不一样的。例如,在链表的第几个位置前插入新节点,此时要计算遍历过的节点个数；或者是在某个节点前或者后插入新节点,此时要查找该节点,而且要用另一个指针"记住"该节点之前的节点,以便插入。在此,假设原来已建立的链表是有序的,即按学号的值从小到大排序,现要插入一个新节点,要求按学号的顺序插入。

现根据题目要求,按学号的顺序插入一个新节点,进行问题分析,得出图 7.13 所示的插入一个节点的 N-S 图。

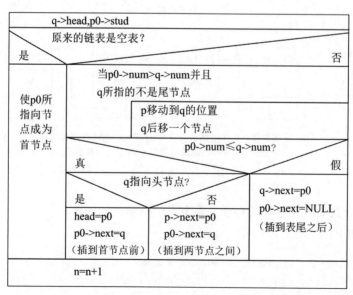

图 7.13 插入节点的 N-S 图

其中：

① insert()函数用于插入节点，它从第一个节点查找符合条件的插入位置，之后再插入新节点，因此设置形参时，要有从其他操作的函数中获得的头指针及新节点(不是插入的学号，而是要生成一个新节点，把插入的学号赋值到新节点的数据域中)，因此形参有两个，都是结构体指针：head 是头指针，stud 指向待插入的节点。

② 因为要查找符合条件的插入位置，结合前面分析的插入位置的 3 种情况，要使指针不断地有目的地移动，因此，设置 3 个临时指针变量：p0 指向 stud；q 用来查找插入位置，即新节点插入在 q 节点之前，p 始终是 q 前面节点的指针，因为插入的位置有可能是某两个节点之间，那就必须"记住"这两个节点，所以 p、q 是紧相邻的指针变量。涉及链表的操作，往往要设置两个相邻节点的指针。在循环过程中，p、q 是不断变化的。

③ 假设已有链表如图 7.14(a)所示，针对插入位置的 3 种情况，insert()函数的执行过程可用图 7.14(a)～图 7.14(e)表示。

图 7.14(a)～图 7.14(c)是模拟插入学号为 2211102 节点的过程，其中图 7.14(a)表示 p0 指向待插入的节点，q 指向首节点；图 7.14(b)表示将 p0->num 与 q->num 进行比较，如果前者大于后者，表示没找到插入位置，应该将 q 指针后移，移动之前要使 p 记住 q；一直根据

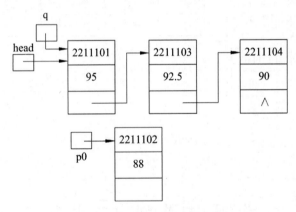

(a) q指向首节点，p0指向待插入节点

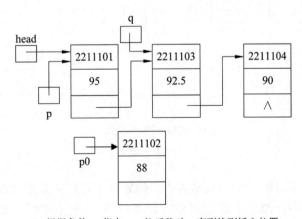

(b) 根据条件，p指向q，q往后移动，直到找到插入位置

图 7.14 插入节点

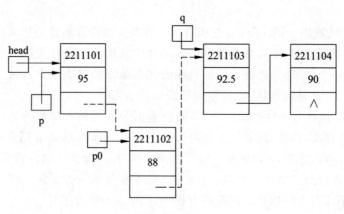

(c) p0插在p和q之间

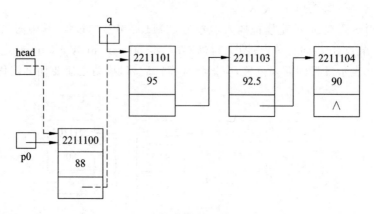

(d) p0插在首节点q之前

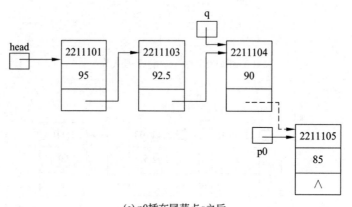

(e) p0插在尾节点q之后

图 7.14 （续）

条件来查找正确的位置；图 7.14(c)表示插入的位置既不是在首节点之前，又不是在尾节点之后，这种情况是在中间两个节点之间插入新节点，插入的操作顺序是：将 p0 的值赋给 p->next，使 p->next 指向 p0；接着将 q 的值赋给 p0->next，使得 p0->next 指向 q 所指的节点。

图 7.14(d)是模拟插入学号为 2211100 节点的过程,经过条件查找,找到了插入位置是在首节点之前,因此将 p0 赋给 head,就是将 head 指针指向新节点,将 q 赋给 p0->next。

图 7.14(e)是模拟插入学号为 2211105 节点的过程,经过条件查找,找到了插入位置是在尾节点之后,直接将 p0 赋给 q->next,将 p0->next 置为 NULL。

④ 函数的返回类型设置为结构体指针类型,返回值是链表的起始地址 head。

编写程序如下。

```
struct Student * insert(struct Student * head, struct Student * stud)
{   struct Student * p0,* p,* q;   //p0是待插入的新节点,p是p0的前一个节点,q是p0
                                    //的后一个节点。插入前,p和q是相邻的两个节点
    q=head;                        //使q指向第1个节点
    p0=stud;                       //使p0指向待插入节点stud
    if(head==NULL)                 //链表是空
    {   head=p0;
        p0->next=NULL;             //使待插入节点成为第1个节点
    }
    else
    {   while((p0->num>q->num) && (q->next!=NULL))
        {  p=q;                    //使p指向刚才q所指向的节点
           q=q->next;              //使q后移继续查找
        }
        if(p0->num<=q->num)
        {  if(head==q)
              head=p0;             //插到首节点之前
           else
              p->next=p0;          //插到两个节点之间
           p0->next=q;
        }
        else
        {  q->next=p0;
           p0->next=NULL;          //插到尾节点之后
        }
    }
    n=n+1;
    return(head);
}
```

(4) 删除一个节点。

从单链表中删除一个节点,首先要定位,找到删除节点,撤销节点与链表之间的连接关系;其次是用 free()函数释放该节点所占用的内在空间。删除一个节点之后链表的长度减1。

在链表中删除一个节点的基本步骤如下。

步骤1:找到删除的节点。

由于链表的特殊性,所以删除节点要考虑以下两种情况:

① 删除首节点。
② 删除中间节点或尾节点。

步骤2：改变被删节点前、后节点之间的连接关系。

现根据题目要求，按照删除节点的基本步骤，进行问题分析，得出如图7.15所示的删除一个节点的N-S图。

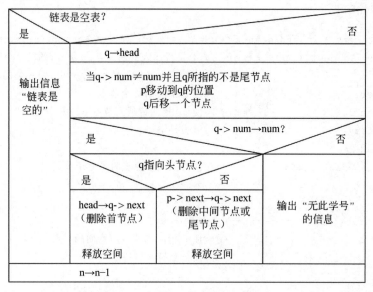

图7.15 删除一个节点的N-S图

其中：

① del()函数用于删除节点，它是从第一个节点开始查找符合条件的节点，之后再进行删除，因此形参设置时，要有从其他操作的函数中获得的头指针，因此设置两个形参：一个是链表的头指针，一个是要删除的数据。在此以删除某个学号为例进行说明。

② 因为要查找符合条件的节点，结合前面分析的删除节点位置的两种情况，要使指针不断地有目的地移动，因此，设置两个指针变量：q指向被删除的节点，p指向q前面的节点。因为被删除节点有可能是某两个节点之间，那就必须"记住"它前面的节点。

③ 假设已有链表如图7.16(a)所示，针对查找被删除节点位置的两种情况，del()函数的执行过程可用图7.16中(a)～图7.16(d)表示。

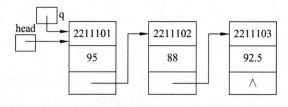

(a) 找到要删除的节点q，是首节点

图7.16 删除节点

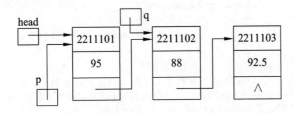

(b) 删除首节点

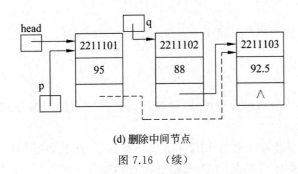

(c) 找到要删除的节点q，是中间节点

(d) 删除中间节点

图 7.16 （续）

图 7.16(a)～图 7.16(b)是模拟删除首节点的过程，以学号等于 2211101 为例进行说明。当被删除的节点是首节点时，要执行的语句是"head=q->next;"，其中图 7.16(a)表示 q 指向首节点，判断 q->num 等于 num，那么 q 定位在首节点；图 7.16(b)表示删除首节点，执行语句"head=q->next;"即可，原理是把 head 指针指向 q 的下一个节点，此时，从图 7.16(b)观察，q 所指的首节点仍存在，但它已与原来的链表脱离，因为链表中没有一个节点或头指针指向它，从 head 指针开始往后遍历链表可知，跳过了 2211101，直接连接到 2211102。

图 7.16(c)～图 7.16(d)是模拟删除中间节点的过程，以学号等于 2211102 为例进行说明。当被删除的节点是中间节点时，要执行的语句是"p->next=q->next;"，其中图 7.16(c)表示根据判断 q->num 等于 num，找到了要删除的节点，那么 q 定位在学号等于 2211102 的节点；图 7.16(d)表示删除中间节点，执行语句"p->next=q->next;"即可，原理是把 p 指针指向 q 的下一个节点，此时，从图 7.16(d)观察，q 所指的节点也不再是链表的一部分，道理与删除首节点一样。

说明：删除尾节点与删除中间节点操作一样，在此略过过程。删除的操作也是执行 p->next=q->next 即可，因为当 q 指向尾节点时，q->next 的指针域是 NULL，那么，只要把倒数第二个节点的指针域置为 NULL 即可，也就删除了尾节点。

④ 函数的返回类型设置为结构体指针类型，返回值是链表的起始地址 head。

从以上分析可知，删除节点的过程只是修改指针域，无须移动原来节点的位置。

编写程序如下。

```c
struct Student *del(struct Student *head,int num)
{   struct Student *q,*p;
    if(head==NULL)                    //是空表
      printf("\n链表是空的!\n");
    else
    {
      q=head;                         //q指向首节点
      while(num!=q->num && q->next!=NULL)  //q不是所要找的节点而且其后还有节点
      { p=q;
        q=q->next;                    //q要不断地往后移动进行查找
      }
      if(num==q->num)                 //找到
      { if(q==head)  head=q->next;    //若q所指向的是首节点,head指针指向第2个节点
        else p->next=q->next;         //若q所指向的是中间节点,head指针不变
        printf("删除了学号%d的数据\n",num);
        free(q);
        n=n-1;
      }
      else printf("学号为%d的没有找到,无法删除!\n",num);
    }
    return(head);
}
```

从插入节点和删除节点的分析可知,链表作为数据的存储结构在数据的插入与删除中提供了很大的方便。

(5) 输出链表的操作在主教材 10.2.4 节已详细讲解,在此略过。

(6) 在主函数中指定需要查找、插入和删除的学号。

主函数的设计思路不拘一格,在此仅提供一种参考。编程思路是引用简易菜单形式,采用数字选择方式,功能为 0-退出,1-建立,2-查找,3-插入,4-删除,5-输出,其中查找、插入、删除设计成循环以便可以操作多个节点,因为这 3 个功能的原函数都只是针对一个节点,结束的条件以输入学号为 0。详细的流程图如图 7.17 所示。

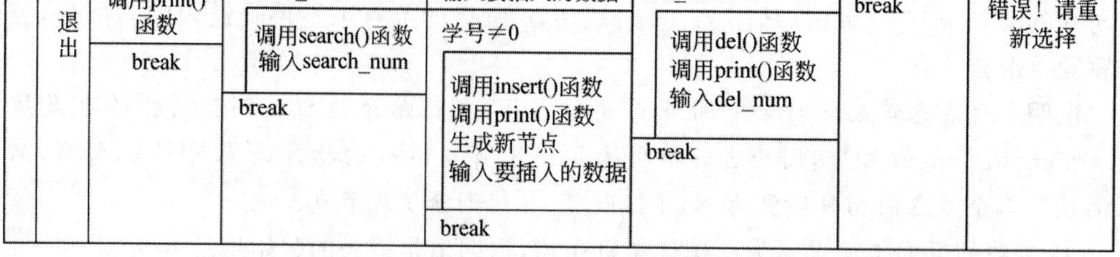

定义变量search_num(要查找的学号,del_num(要删除的学号);初始化界面						
当真时						
输入choice变量						
choice=?						
0	1	2	3	4	5	其他情况
退出	调用creat()函数	输入search_num	生成新节点	输入del_num	调用print()函数	输出提示信息"选择"错误!请重新选择
	调用print()函数	search_num≠0	输入要插入的数据	del_num≠0	break	
	break	调用search()函数 输入search_num	学号≠0	调用del()函数 调用print()函数 输入del_num		
		break	调用insert()函数 调用print()函数 生成新节点 输入要插入的数据	break		
			break			

图 7.17 链表综合练习的 main 函数流程图

编写的 main() 函数程序如下。

```c
int main()
{
    struct Student * head, * stu;
    int search_num;
    int del_num;
    int choice;
    printf("=========链表综合操作=========");
    printf("\n\t 0:退出操作");
    printf("\n\t 1:建立链表");
    printf("\n\t 2:查找节点");
    printf("\n\t 3:插入节点");
    printf("\n\t 4:删除节点");
    printf("\n\t 5:输出链表");
    printf("\n=========链表综合操作=========\n");
    while(1)
    {
        printf("\n 请输入数字 0~5 进行选择:0~退出,1~建立,2~查找,3~插入,4~删除,5~输出 \n");
        scanf("%d",&choice);
        switch(choice)
        {
            case 0:
                exit(0);
            case 1:
                printf("\n 请输入学生信息,格式如 2211101 90,输入 0 0 结束"建立"操作:\n");
                head=creat();
                printf("\n 所创建的链表是:");
                print (head);
                printf("\n");
                break;
            case 2:
                printf("\n 请输入要查找的学号,输入 0 结束"查找"操作:");
                scanf("%d",&search_num);
                while(search_num!=0)
                {
                    search(head,search_num);
                    printf("\n 请输入要查找的学号,输入 0 结束"查找"操作:");
                    scanf("%d",&search_num);
                }
                break;
            case 3:
                printf("\n 请输入要插入的学生信息,格式如 2211112 90.5,输入 0 0 结束"插入"操作:");
                stu=(struct Student * ) malloc(LEN);
                scanf("%d%f",&stu->num,&stu->score);
```

```c
            while(stu->num!=0)
            {
              head=insert(head,stu);
              print(head);
              printf("请输入要插入的学生信息,格式如 2211112 90.5,输入 0 0 结束"插入"
              操作:");
              stu=(struct Student *)malloc(LEN);
              scanf("%d%f",&stu->num,&stu->score);
            }
            break;
          case 4:
            printf("\n请输入要删除的学号,输入 0 结束"删除"操作:");
            scanf("%d",&del_num);
            while(del_num!=0)       //可以删除多个节点
            { head=del(head,del_num);
              print (head);
              printf("\n请输入要删除的学号,输入 0 结束"删除"操作:");
              scanf("%d",&del_num);
            }
            break;
          case 5:
            print (head);
            break;
          default:
            printf("选择错误!请重新选择。\n");
            break;
        }
      }
   return 0;
   }
```

运行结果:

=========链表综合操作=========
　　　　0:退出操作
　　　　1:建立链表
　　　　2:查找节点
　　　　3:插入节点
　　　　4:删除节点
　　　　5:输出链表
=========链表综合操作=========
请输入数字 0~5 进行选择:0~退出,1~建立,2~查找,3~插入,4~删除,5~输出
1

请输入学生信息,格式如 21211101 90,输入 0 0 结束"建立"操作:
2211101 95

```
2211102 90
2211103 88
0 0
```

所创建的链表是：
链表中有 3 条记录：
学号：2211101,成绩：95.0
学号：2211102,成绩：90.0
学号：2211103,成绩：88.0

请输入数字 0~5 进行选择：0~退出,1~建立,2~查找,3~插入,4~删除,5~输出
2

请输入要查找的学号,输入 0 结束"查找"操作：2211103
查找的学号是：2211103,该生的成绩是 88.0
请输入要查找的学号,输入 0 结束"查找"操作：0

请输入数字 0~5 进行选择：0~退出,1~建立,2~查找,3~插入,4~删除,5~输出

6. 某服装厂的衣服清单如表 7.1 所示(注：配套教材中为表 10.5)。若衣服是本厂生产的,则"衣服来源"用本厂生产车间代码(整型)表示；若衣服不是本厂生产的,则"衣服来源"用来源单位(字符数组)表示。编写程序,要求输入、输出衣服清单的数据(假设只有两类衣服)。

表 7.1　某服装厂的衣服清单

衣服编号	衣服名称	本厂生产	衣服来源
N001	CH-简竹	Y	5
N567	AU-flo	N	A-company

答：编程思路如下。

根据题目分析,"本厂生产"决定"衣服来源",所以设计的数据类型用结构体和共用体结合；在输入"衣服来源"数据时,根据"本厂生产"的值来决定。

编写程序如下。

```c
#include<stdio.h>
#define N 2
struct Clothes
{ char num[10];            //衣服编号
  char name[15];           //衣服名称
  char prod;               //本厂生产
  union
  { int no;                //生产车间号
    char unit[20];         //单位
  } from;
```

```
        }cloth[2];
        int main()
        {
            int i;
            printf("请输入衣服清单:\n");
            for(i=0; i<N; i++)
            { scanf("%s%s %c", cloth[i].num, cloth[i].name, &cloth[i].prod);
              if(cloth[i].prod=='y' || cloth[i].prod=='Y')
                  scanf("%d", &cloth[i].from.no);
              else if(cloth[i].prod=='n' || cloth[i].prod=='N')
                  scanf("%s", cloth[i].from.unit);
            }
            printf("\n 衣服编号 衣服名称 本厂生产 衣服来源\n");
            for(i=0; i<N; i++)
            { printf("%s\t%12s%10c", cloth[i].num, cloth[i].name, cloth[i].prod);
              if(cloth[i].prod=='y' || cloth[i].prod=='Y')
                  printf("%10d\n", cloth[i].from.no);
              else if(cloth[i].prod=='n' || cloth[i].prod=='N')
                  printf("%18s\n", cloth[i].from.unit);
            }
        return 0;
        }
```

运行结果:

请输入衣服清单:
N001 CH-简竹 Y 5
N567 AU-flo N A-company

衣服编号	衣服名称	本厂生产	衣服来源
N001	CH-简竹	Y	5
N567	AU-flo	N	A-company

7. 编写程序,定义一个枚举类型 cattle(牛),其有 3 个枚举值:bull(公牛)、cow(奶牛)、calf(牛犊),定义一个枚举变量,通过循环分别输出枚举值对应的是哪类牛。

答:编程思路如下。

本题是枚举类的一个简单应用。因枚举值的序号默认是从 0 开始的,要输出各枚举值,只要从 0 开始循环至 2 即可。输出时结合 switch 语句进行 3 个值的选择。

编写程序如下。

```
#include<stdio.h>
enum Cattle
{
    bull,cow,calf
};
int main()
```

```
{
    int i;
    for(i=0;i<3;i++)
     switch(i)
     { case bull:printf("序号%2d 是%6s",bull,"bull!");break;
       case cow:printf("\n序号%2d 是%6s",cow,"cow!");break;
       case calf:printf("\n序号%2d 是%6s",calf,"calf!");break;
     }
    printf("\n");
    return 0;
}
```

运行结果：

序号 0 是 bull!
序号 1 是 cow!
序号 2 是 calf!

习题 11 位 运 算

一、单项选择题

1. D   2. B   3. A   4. C   5. A

二、分析程序的运行结果

1. −1   2. 6,3

三、程序设计题

1. 编写程序，统计一个 32 位整数 n 的二进制形式中 1 的个数。

答：首先把整数的 32 位分成 16 份，每份两个数，先求出每相邻的两个数共有多少个 1，如此对于每一份，左边一个数是 n&010101…01，右边是(n>>1) & 0101…01。如此一次后，这 16 份每份中存储的都是原数中 1 的个数，之后 16 份变 8 份，8 份变 4 份，直到变成 1 份。
编写程序如下。

```
#include<stdio.h>
int main()
{ int n;
  printf("请输入 n 的值：");
  scanf("%d",&n);
  printf("数 %d 的二进制表示法中",n);
  n=(n & 0x55555555)+((n>>1) & 0x55555555);
  n=(n & 0x33333333)+((n>>2) & 0x33333333);
  n=(n & 0x0F0F0F0F)+((n>>4) & 0x0F0F0F0F);
  n=(n & 0x00FF00FF)+((n>>8) & 0x00FF00FF);
  n=(n & 0x0000FFFF)+((n>>16) & 0x0000FFFF);
  printf("有 %d 个 1。\n",n);
  return 0;
}
```

运行结果:

请输入 n 的值:10407
数 10407 的二进制表示法中有 7 个 1。

2. 编写程序,检查所用的计算机系统的 C 语言编译系统在执行右移时是按照逻辑右移的原则还是算术右移的原则。如果是逻辑右移,请编写一函数实现算术右移;如果是算术右移,请编写一函数实现逻辑右移。

答:编写程序如下。

```
#include<stdio.h>
short getbits1 (unsigned value,int n)         //算术右移
{ unsigned short data;
  data=~0;
  data=data>>n;
  data=~data;
  data=data|(value>>n);
  return(data);
}

short getbits2(unsigned short value,int n)    //逻辑右移
{ unsigned short data;
  data=(~(1>>n))&(value>>n);
  return(data);
}

int main()
{ int a,n,m;
  a=~0;
  if((a>>5)!=a)
  { printf("C 语言编译系统是逻辑右移!\n");
    m=0;
  }
  else
  { printf("C 语言编译系统是算术右移!\n");
    m=1;
  }
  printf("请输入一个十进制数:");
  scanf("%d",&a);
  printf("请输入右移位数:");
  scanf("%d",&n);
  if(m==0)
    printf("数 %d 右移 %d 位的算术右移结果:%d\n",a,n,getbits1(a,n));
  else
    printf("数 %d 右移 %d 位的逻辑右移结果:%d\n",a,n,getbits2(a,n));
  return 0;
}
```

运行结果：

C 编译系统是算术右移！
请输入一个十进制数：-12
请输入右移位数：2
数-12 右移 2 位的逻辑右移结果：16381

3. 编写函数 getbits()，功能是从一个 16 位的单元中取出以 n1 开始至 n2 结束的某几位，起始位和结束位都从左向右计算。同时编写主函数调用 getbits() 进行验证。

答：因是从 16 位单元中取出数据，因此数据类型设置为 short int 型，取出位数用 & 运算。

编写程序如下。

```c
#include<stdio.h>
int main()
{ unsigned short getbits(unsigned short value,int x,int y);
  unsigned short num;
  int n1,n2;
  printf("请输入一个十进制数:");
  scanf("%d",&num);
  printf("请输入起始位 n1,结束位 n2:");
  scanf("%d %d",&n1,&n2);
  printf("从数 %d 中取出第 %d 位至第 %d 位的结果是: ",num,n1,n2);
  printf(" %d\n",getbits(num,n1-1,n2));
  return 0;
}
unsigned short getbits(unsigned short value,int x,int y)
{ unsigned short data;
  data=~0;
  data=(data>>x)&(data<<(16-y));
  data=value&data;
  data=data>>(16-y);
  return(data);
}
```

运行结果：

请输入一个十进制数：12345
请输入起始位 n1,结束位 n2：3 7
从数 12345 中取出第 3 位至第 7 位的结果是：24

运行结果分析：

十进制数 12345 的二进制形式是 0011000000111001，左边第 3 位至第 7 位是 11000，也就是十进制的 24。

习题 12 文　　件

一、单项选择题

1. D　2. A　3. A　4. D　5. B　6. C　7. B　8. A

二、填空题

1. fopen
2. 3
   !feof(f1)
3. "data.dat"
   fp
4. "data.txt","w"
   fclose(fp)
5. fopen(fname,"w")
   ch
6. (!feof(fp))

三、编程题

1. 编写程序，统计一个文本文件的行数。

答：编写程序如下。

```c
#include<stdio.h>
#include<stdlib.h>
int main()
{
  FILE *fp;
  int cap=0;
  char ch,filename[20];
  printf("请输入文件名:");
  scanf("%s",filename);
  if((fp=fopen(filename,"r"))==NULL)
  { printf("文件打开错误!\n");
    exit(0);
  }
  while(!feof(fp))
    {
      ch=fgetc(fp);
      if(ch=='\n') cap++;
    }
  printf("行数=%d\n",cap);
  fclose(fp);
  return 0;
}
```

运行结果：

请输入文件名：d:\\example\\test.txt ↙
行数=3

说明：运行程序前，在 d 盘的 example 目录下先创建好 test.txt 文件，内容如下。

```
c
programming
language.
```

2. 编写程序，在一个已建立的 string.txt 文件末尾追加一个字符串。

答：编写程序如下。

```c
#include<stdio.h>
#include<stdlib.h>
int main()
{
  FILE *fp;
  char ch,st[80];
  if((fp=fopen("d:\\example\\string.txt","a+"))==NULL)
    {
       printf("文件打开错误!");
       exit(0);
    }
  printf("请输入一个字符串: ");
  scanf("%s",st);
  fputs(st,fp);
  rewind(fp);
  ch=fgetc(fp);
  while(ch!=EOF)
  {
    putchar(ch);
    ch=fgetc(fp);
  }
  printf("\n");
  fclose(fp);
  return 0;
}
```

运行结果：

请输入一个字符串：programming ↙
computerprogramming

说明：运行程序前，在 d 盘的 example 目录下先创建好 string.txt 文件，内容如下。

```
computer
```

3. 编写程序,查找指定的文本文件中某个单词出现的行号及该行的内容。

答：编写程序如下。

```c
#include<stdio.h>
#include<stdlib.h>
int str_index(char substr[],char str[]);
int main()
{ char buff[256],fname[20],fstr[50];
  FILE *fp;
  int lcnt;
  printf("请输入文件名: ");
  gets(fname);
  printf("请输入要查找的字符串: ");
  gets(fstr);
  if((fp=fopen(fname, "r"))==NULL)
    { printf("%s 文件打开错误!\n",fname);
        exit(0);
    }
  lcnt=1;
  while(fgets(buff,256,fp)!=NULL)
  { if(str_index(fstr,buff)!=-1)
      printf("第%3d行:%s",lcnt,buff);
    lcnt++;
  }
  fclose(fp);
  return 0;
}
int str_index(char substr[],char str[])
{ int i,j,k;
  for(i=0;str[i];i++)
   for(j=i,k=0;str[j]==substr[k];j++,k++)
    if(!substr[k+1])
        return(i);
  return(-1);
}
```

运行结果：

请输入文件名：d:\\example\\test.txt ✓
请输入要查找的字符串：C# ✓
第 3 行：C# programming.

说明：运行程序前,在 d 盘的 example 目录下先创建好 test.txt 文件,内容如下。

Computer.
Programmer.
C# programming.

4. 从键盘输入一个字符串,把该字符串中的小写字母转换为大写字母,输出到文件 test.txt 中,然后从该文件中读出字符串并显示出来。

答:编写程序如下。

```c
#include<stdio.h>
#include<stdlib.h>
int main()
{
  FILE *fp;
  char str[100];
  int i=0;
  if((fp=fopen("d:\\example\\test.txt","w+"))==NULL)
    {
      printf("test.txt 文件打开错误!\n");
      exit(0);
    }
  printf("请输入一个字符串:");
  gets(str);
  while(i<strlen(str))
    {
      if(str[i]>='a'&&str[i]<='z')
        str[i]=str[i]-32;
      fputc(str[i],fp);
      i++;
    }
  rewind(fp);
  while(!feof(fp))
    putchar(fgetc(fp));
  fclose(fp);
  return 0;
}
```

运行结果:

请输入一个字符串: this is a program. ✓
THIS IS A PROGRAM.

说明:运行程序前,在 d 盘先创建好 example 目录。

5. 编写程序,从键盘输入一个文件名,然后输入一串字符(用#结束输入)存放到此文件中形成文本文件,并将字符的个数写到文件尾部。

答:编写程序如下。

```c
#include<stdio.h>
#include<stdlib.h>
#include<string.h>
int main()
{
```

```c
        FILE *fp;
        char ch,fname[30];
        int count=0;
        printf("请输入文件名:");
        scanf("%s",fname);
        if((fp=fopen(fname,"w+"))==NULL)
        {
          printf("%s 文件打开错误!\n",fname);
          exit(0);
        }
        printf("请输入一串字符:");
        while((ch=getchar())!='#')
        {
          fputc(ch,fp);
          count++;
        }
        fprintf(fp,"\n%d\n",count);
        fclose(fp);
        return 0;
}
```

运行结果：

请输入文件名: d:\\example\\tests.txt✓
请输入字符串: this is a program.#

说明：运行程序前，在 d 盘创建 example 目录。

6. 编写程序，将两个文本文件 test1.txt 和 test2.txt 连接成一个 testcat.txt 文件。

答：编写程序如下。

```c
#include<stdio.h>
#include<process.h>
int main()
{
    char ch;
    FILE *fp1,*fp2,*fp3;
    if((fp1=fopen("d:\\example\\testc.txt","r"))==NULL)
      { printf("testc.txt 文件打开错误!\n");
        exit(0);
      }
    else
        printf("test1.txt 文件已打开!\n");
    if((fp2=fopen("d:\\example\\tests.txt","r"))==NULL)
      { printf("tests.txt 文件打开错误!\n");
        exit(0);
      }
    else
```

```
        printf("test2.txt 文件已打开!\n");
    if((fp3=fopen("d:\\example\\testcat.txt","a"))==NULL)
      { printf("testcat.txt 文件打开错误!\n");
        exit(0);
      }
    else
        printf("testcat.txt 文件已打开!\n");
    while((ch=fgetc(fp1))!=EOF)
      fputc(ch,fp3);
    while((ch=fgetc(fp2))!=EOF)
      fputc(ch,fp3);
    printf("test1.txt 与 test2.txt 已连接成 testcat.txt!\n");
    fclose(fp1);
    fclose(fp2);
    fclose(fp3);
    return 0;
}
```

运行结果：

test1.txt 文件已打开!
test2.txt 文件已打开!
testcat.txt 文件已打开!
test1.txt 与 test2.txt 已连接成 testcat.txt!

说明：运行程序前，在 d 盘的 example 目录下先创建好 test1.txt 和 test2.txt 文件，test1.txt 文件输入 Programming,test2.txt 文件输入 language。

7. 编写程序,从键盘输入一个班的学生数据(包括学号、姓名和总分)写到磁盘文件 student.dat,然后从该文件中读出所有的数据。

答：编写程序如下。

```
#include<stdio.h>
#include<stdlib.h>
int main()
{
    struct student
    { char name[20];
      long num;
      float sum;
    }stud;
    char numstr[81],ch;
    FILE * fp;
    if((fp=fopen("d:\\example\\student.txt","w+"))==NULL)
    { printf("文件打开错误!\n "); exit(0); }
    do{
        printf("请输入姓名:");gets(stud.name);
```

```
            printf("请输入学号:");gets(numstr);
            stud.num=atol(numstr);
            printf("请输入总分:");gets(numstr);
            stud.sum=atof(numstr);
            fwrite(&stud,sizeof(stud),1,fp);
            printf("继续输入其他同学数据(Y/N)?");
            ch=getchar();
        }while(ch=='y'||ch=='Y');
        rewind(fp);
        while(fread(&stud,sizeof(stud),1,fp)==1)
            printf("%s,%ld,%f\n",stud.name,stud.num,stud.sum);
        fclose(fp);
    }
```

运行结果：

请输入姓名：wangfang↙
请输入学号：10001↙
请输入总分：380↙
继续输入其他同学数据(Y/N)?N↙
Wangfang,10001,380.000000

说明：运行程序前，在 d 盘创建好 example 目录。

8. 假设磁盘文件 s1.dat 中有 10 个整型数(78、15、23、6、48、68、82、35、8、19)，编写程序把它按升序排序，并将结果输出到屏幕和 s2.dat 文件。

答：编写程序如下。

```
#include<stdio.h>
int main()
{ int a[10],i,j,t;
  FILE *fp1,*fp2;
  fp1=fopen("d:\\example\\s1.dat","r");
  fp2=fopen("d:\\example\\s2.dat","w");
  if(fp1==NULL||fp2==NULL)
    { printf("文件打开错误!\n"); exit(0); }
  for(i=0;i<10;i++)
     fscanf(fp1,"%d",&a[i]);
  for(i=0;i<10-1;i++)
     for(j=i+1;j<10;j++)
        if(a[j]<a[i])
          { t=a[i];
            a[i]=a[j];
            a[j]=t;
          }
  for(i=0;i<10;i++)
    { printf("%4d",a[i]);
      fprintf(fp2,"%4d",a[i]);
```

```
        }
        fclose(fp1);
        fclose(fp2);
        return 0;
}
```

运行结果：

6 8 15 19 23 35 48 68 78 82

说明：运行程序前，在 d 盘的 example 目录下先创建好 s1.dat 文件，并输入 10 个整型数 78、15、23、6、48、68、82、35、8、19。

9. 假设计教师文件 teacher.txt 记录了教师的姓名和课程名称，课程文件 course.txt 记录了课程名称和学分。编写程序对比两个文件，将同一位教师的姓名、课程名称和学分输出到第三个文件 tcourse.txt 中。

答：编写程序如下。

```
#include<stdio.h>
#include<stdlib.h>
#include<conio.h>
#include<string.h>
int main()
{
    FILE * fptr1, * fptr2, * fptr3;           /*定义文件指针*/
    char temp[10],temp1[10],temp2[10],temp3[2];
            /*姓名 temp1[10],课程名称 temp2[20],学分 temp3[2] */
    if((fptr1=fopen("d:\\example\\teacher.txt","r"))==NULL)
        { printf("文件打开错误!");exit(0);}
    if((fptr2=fopen("d:\\example\\course.txt","r"))==NULL)
        { printf("文件打开错误!");exit(0);}
    if((fptr3=fopen("d:\\example\\tcourse.txt","w"))==NULL)
        { printf("文件打开错误!");exit(0);}
    while(strlen(fgets(temp1,11,fptr1))>1) /*读出的姓名字段长度大于1*/
        {
        fgets(temp2,11,fptr1);              /*读课程*/
        fputs(temp1,fptr3);                 /*写入姓名到合并文件*/
        fputs(temp2,fptr3);                 /*写入课程到合并文件*/
        strcpy(temp,temp2);                 /*保存课程字段*/
        do                                   /*查找课程相同的记录*/
        {
            fgets(temp2,11,fptr2);           /*读课程*/
            fgets(temp3,2,fptr2);            /*读学分*/
        }while(strcmp(temp,temp2)!=0);       /*查找两文件课程相同的记录*/
        fputs(temp3,fptr3);                  /*将学分写入合并文件*/
        rewind(fptr2);                       /*将文件指针移到文件头,以备下次查找*/
        }
```

```c
        printf("已将同一教师的姓名、课程名称和学分写到tcourse.txt文件。");
        fclose(fptr1);
        fclose(fptr2);
        fclose(fptr3);
        return 0;
}
```

运行结果：

已将同一教师的姓名、课程名称和学分写到tcourse.txt文件。

说明：运行程序前，在d盘的example目录下创建好teacher.txt和course.txt，如teacher.txt输入chenjie java，course.txt输入java 4。

10. 编写程序，统计一篇文章中大写字母的个数和文章中的句子数（句子的结束标志是句点后跟一个或多个空格）。设该程序的文件名为sum.c。

答：编写程序如下。

```c
#include<stdio.h>
#include<stdlib.h>
int main()
{
    FILE *fp;
    char ch,fname[30];
    int k,m;
    printf("请输入文件名:");
    scanf("%s",fname);
    if((fp=fopen(fname,"r"))==0)
     {
        printf("%s文件打开错误!\n",fname);
        exit(0);
     }
    k=0;
    m=0;
    while(fscanf(fp,"%c",&ch)!=EOF)
     {
        if(ch<=90&&ch>=65)
          k++;
        if(ch==46)
          m++;
        printf("%c",ch);
     }
    printf("大写字母个数:%d\n",k);
    printf("文章中的句子数:%d",m);
    fclose(fp);
    return 0;
}
```

运行结果：

请输入文件名：d:\example\text.txt↙
大写字母个数：11
文章中的句子数：5

说明：运行程序前，在 d 盘的 example 目录下先创建好 text.txt 文件，text.txt 文件内容如下。

```
HELLO.
Come In, please.
Sit Down, please.
It's time for class.
Open your books and turn to page 20.
```

第 8 章　　补充练习题

练习题 1　概　　述

1. 编写一个 C 语言程序并上机调试运行,其功能是输出以下信息:

> C语言真奇妙!

2. 写出下面程序的运行结果。

```
#include<stdio.h>
int main()
{
  int x,y;
  x=5,y=10;
  printf("%d, %d, %d, %d, %d\n",x+y,x-y,x*y,x/y,x%y);
  return 0;
}
```

3. 完善以下程序,程序的功能是输入矩形的长、宽,计算并输出它的面积和周长。

```
#include<stdio.h>
int main()
{
  int width,length,p,s;       //分别表示矩形的长、宽、周长、面积
  scanf("%d %d",&width,&length);
  p=_____;
  s=_____;
  printf("矩形的周长是%d\n",_____);
  printf("矩形的面积是%d\n",_____);
  return 0;
}
```

4. 编写一个程序,在屏幕上输出自己所在的学院、学号、姓名、籍贯。

练习题 2　算法与程序

1. 用 N-S 结构图表示算法,输出九九乘法表。
2. 图 8.1 是实现求两个数 m 和 n 的最大公约数,则①和②处应为?

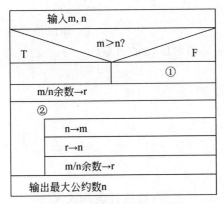

图 8.1 最大公约数 N-S 图

练习题 3 基本数据类型与表达式

一、填空题

1. 在 C 语言中,一个 int 型数据在内存中占 2 字节,则 int 型数据的取值范围为_____。
2. 若 x 和 n 均是 int 型变量,且 x 和 n 的初值均为 5,则计算表达式 x+=n++ 后,x 的值为_____,n 的值为_____。
3. 若有定义:"char c='\010';",则变量 c 中包含的字符个数为_____。
4. 若有定义:"int x=3,y=2;float a=2.5,b=3.5;",则表达式(x+y)%2+(int)a/(int)b 的值为_____。
5. 已知字母 a 的 ASCII 码为十进制数 97,且设 ch 为字符型变量,则表达式 ch= 'a'+'8'−'3'的值为_____。

二、单项选择题

1. 假设在程序中 a、b、c 均被定义成整型,并且已赋大于 1 的值,则下列能正确表示代数式 1/abc 的表达式是(   )。

   A. 1/a*b*c B. 1/(a*b*c)
   C. 1/a/b/(float)c D. 1.0/a/b/c

2. 设有如下的变量定义:

```
int i=8,k,a,b;
unsigned long w=5;
double x=1.42,y=5.2;
```

则以下符合 C 语言语法的表达式是(   )。

   A. a+=a−=(b=4)*(a=3) B. x%(−3);
   C. a=a*3=2 D. y=float(i)

3. 若 X 和 Y 都是 int 型变量,X=100,Y=200,则程序段"printf("%d",(X,Y));"的输出结果是(   )。

    A. 200   B. 100

    C. 100   200   D. 输出格式符不够,输出不确定的值

4. 执行下面程序中的输出语句后,a 的值是(　　)。

```
int main()
{ int a;
  printf("%d\n",(a=3*5,a*4,a+5));
  return 0;
}
```

    A. 65   B. 20   C. 15   D. 10

5. 设 x、y、z 和 k 都是 int 型变量,则执行表达式 x=(y=4,z=16,k=32)后,x 的值为(　　)。

    A. 4   B. 16   C. 32   D. 52

6. 以下叙述不正确的是(　　)。

    A. 在 C 语言程序中,逗号运算符的优先级最低

    B. 在 C 语言程序中,APH 和 aph 是两个不同的变量

    C. 若 a 和 b 类型相同,在计算了赋值表达式 a=b 后,b 中的值将放入 a 中,而 b 中的值不变

    D. 当从键盘输入数据时,对于整型变量只能输入整型数值,对于实型变量只能输入实型数值

7. 以下选项中,非法的字符常量是(　　)。

    A. '\t'   B. '\17'   C. "n"   D. '\xaa'

8. 若有定义"int a=8,b=5,c;",执行语句"c=a/b+0.4;"后,c 的值为(　　)。

    A. 1.4   B. 1   C. 2.0   D. 2

9. 在 C 语言中(以 16 位 PC 机为例),5 种基本数据类型的存储空间长度的排列顺序为(　　)。

    A. char<int<long int<=float<double

    B. char=int<long int<=float<double

    C. char<int<long int=float=double

    D. char=int=long int<=float<double

10. 若有以下定义:

char a;int b;float c;double d;

则表达式 a*b+d-c 值的类型为(　　)。

    A. float   B. int   C. char   D. double

11. 下面程序的输出结果是(　　)。

```
int main()
{ int x=10,y=3;
  printf("%d\n",y=x/y);
  return 0;
}
```

A. 0　　　　　　　B. 1　　　　　　　C. 3　　　　　　　D. 不确定的值

12. 设有定义"int x=10,y=3,z;",则语句"printf("%d\n",z=(x%y,x/y));"的输出结果是(　　)。

　　A. 1　　　　　　　B. 0　　　　　　　C. 4　　　　　　　D. 3

13. C语言中,运算对象必须是整型数的运算符是(　　)。

　　A. %　　　　　　　B. /　　　　　　　C. %和/　　　　　　D. *

14. 以下程序的输出结果是(　　)。

```
int main()
{ int x=10,y=10;
  printf("%d %d\n",x--,--y);
  return 0;
}
```

　　A. 10　10　　　　　B. 9　9　　　　　　C. 9　10　　　　　D. 10　9

15. 设有"int x=11;",则表达式(x++ * 1/3)的值是(　　)。

　　A. 3　　　　　　　B. 4　　　　　　　C. 11　　　　　　　D. 12

16. 若有以下程序段：

```
int c1=1,c2=2,c3;
c3=1.0/c2*c1;
```

则执行后,c3 中的值是(　　)。

　　A. 0　　　　　　　B. 0.5　　　　　　C. 1　　　　　　　D. 2

17. 在 C 语言中,要求运算数必须是整型的运算符是(　　)。

　　A. %　　　　　　　B. /　　　　　　　C. <　　　　　　　D. !

18. C语言中运算对象必须是整型的运算符是(　　)。

　　A. %=　　　　　　B. /　　　　　　　C. =　　　　　　　D. <=

19. 下列合法的 C 语言赋值语句是(　　)。

　　A. a=b=58　　　　　　　　　　　　 B. i++;
　　C. a=58,b=58　　　　　　　　　　　 D. k=int(a+b);

20. C语言中最简单的数据类型包括(　　)。

　　A. 整型、浮点型、逻辑型　　　　　　B. 整型、浮点型、字符型
　　C. 整型、字符型、逻辑型　　　　　　D. 整型、浮点型、逻辑型、字符型

练习题 4　顺序结构程序设计

1. 编写程序,从键盘输入小写字母,用大写字母输出。
2. 编写程序,从键盘输入 a、b 的值,输出交换以后的值。
3. 编写程序,输入一名学生的学号(8位数字)、生日(年-月-日)、性别(M：男,F：女)及3门功课(语文、数学、英语)的成绩,现要求计算该学生的总分和平均分,并将该学生的全部信息输出(包括总分、平均分)。

4. 编写程序,输入一个字符,求出该字母字符的前驱和后继字符。

5. 编写程序,从键盘输入两个两位的正整数给变量 x 和 y,并将 x 和 y 合并形成一个整数放在变量 z 中。合并的方式是:将数 x 的十位和个位依次放在 z 的千位和十位上,将数 y 的十位和个位依次放在 z 的个位和百位上。

6. 编写程序,输入长方形的长和宽,求长方形的面积。

7. 编写程序,输入三角形的底和高,求三角形面积。

8. 编写程序,求球的体积。

9. 编写程序,输入两个整型变量 a、b 的值,输出 a+b、a-b、a*b、a/b、(float)a/b 的结果,要求连同算式一起输出,每个算式占一行。

例:a 等于 10,b 等于 5,a+b 的结果输出为 10+5=15。

练习题 5　选择结构程序设计

一、单项选择题

1. 为表示关系 x≥y≥z,应使用 C 语言表达式(　　)。

　　A. (x>=y)&&(y>=z)　　　　　　B. (x>=y)AND(y>=z)
　　C. (x>=y>=z)　　　　　　　　　D. (x>=y)&(y>=z)

2. 设 a=5,b=6,c=7,d=8,m=2,n=2,执行(m=a>b)&&(n=c>d)后 n 的值为(　　)。

　　A. 0　　　　　B. 1　　　　　C. 2　　　　　D. 7

3. 下面程序的输出是(　　)。

```
int main()
{ int a=-1,b=4,k;
  k=(a++<=0)&&(!(b--<=0));
  printf("%d%d%d\n",k,a,b);
  return 0;
}
```

　　A. 003　　　　B. 012　　　　C. 103　　　　D. 112

4. 设"int A=3,B=4,C=5;",则下列表达式中,值为 0 的表达式是(　　)。

　　A. A&&B
　　B. A<=B
　　C. A||B+C&&B
　　D. !((A<B)&&!C||1)

5. 有以下程序:

```
int main()
{ int a,b,c=246;
  a=c/100%9;b=(-1)&&(-1);
  printf("%d;%d\n",a,b);
  return 0;
}
```

输出结果是(　　)。

A. 2；1　　　　　　B. 3；2　　　　　　C. 4；3　　　　　　D. 2；−1

6. 设"int x=1,y=1；",表达式(!x||y--)的值是(　　)。

　　A. 0　　　　　　B. 1　　　　　　C. 2　　　　　　D. −1

7. 有如下程序段：

```
int a=14,b=15,x;
char c='A';
x=(a&&b)&&(c<'B');
```

执行该程序段后，x 的值为(　　)。

　　A. true　　　　　B. false　　　　　C. 0　　　　　　D. 1

8. 逻辑运算符两侧运算对象的数据类型(　　)。

　　A. 只能是 0 或者 1　　　　　　　　B. 只能是 0 或非 0 正数
　　C. 只能是整型或字符型数据　　　　D. 可以是任何类型的数据

9. 以下关于运算符优先顺序的描述中正确的是(　　)。

　　A. 关系运算符＜算术运算符＜赋值运算符＜逻辑运算符
　　B. 逻辑运算符＜关系运算符＜算术运算符＜赋值运算符
　　C. 赋值运算符＜逻辑运算符＜关系运算符＜算术运算符
　　D. 算术运算符＜关系运算符＜赋值运算符＜逻辑运算符

10. 若"int K=3；",且有下面的程序片段：

```
if(K<=0) printf("####");
else printf("&&&&");
```

则上面程序片段的输出结果是(　　)。

　　A. ####　　　　　　　　　　　　　B. &&&&
　　C. ####&&&&　　　　　　　　　　D. 有语法错误，无输出结果

11. 设"char CH；",其值为 A,且有下面的表达式：

```
CH=(CH>='A' && CH<='Z')?(CH+32):CH
```

则表达式的值是(　　)。

　　A. A　　　　　　B. a　　　　　　C. Z　　　　　　D. z

12. 有如下程序：

```
int main()
{ int a=2,b=-1,c=2;
  if(a<b)
    if(b<0) c=0;
    else c++;
  printf("%d\n",c);
  return 0;
}
```

该程序的输出结果是(　　)。

　　A. 0　　　　　　B. 1　　　　　　C. 2　　　　　　D. 3

13. 两次运行下面的程序,如果从键盘上分别输入 6 和 4,则输出结果是(   )。

```
int main()
{ int x;
  scanf("%d",&x);
  if(x++>5) printf("%d",x);
  else printf("%d\n",x--);
  return 0;
}
```

  A. 7 和 5   B. 6 和 3   C. 7 和 4   D. 6 和 4

14. 假定所有变量均已正确说明,下列程序段运行后 x 的值是(   )。

```
a=b=c=0;x=35;
if(!a) x--;
else  if(b);
if(c) x=3;
else x=4;
```

  A. 34   B. 4   C. 35   D. 3

15. 与"y=(x>0?1:x<0?-1:0);"的功能相同的 if 语句是(   )。

  A. if(x>0)y=1;
    else if(x<0)y=-1;
     else y=0;

  B. if(x)
    if(x>0)y=1;
    else if(x<0) y=-1;
     else y=0;

  C. y=-1;
   if(x)
   if(x>0)y=1;
   else if(x==0)y=0;
    else y=-1;

  D. y=0;
   if(x>=0)
   if(x>0)y=1;
   else y=-1;

16. 若要求在 if 后的一对圆括号中表示 a 不等于 0 的关系,则能正确表示这一关系的表达式为(   )。

  A. a<>0   B. !a   C. a=0   D. a

17. 以下程序的输出结果是(   )。

```
int main()
{ int a=-1,b=1;
  if(++a) printf("%d %d\n",a,b);
  else printf("%d %d\n",b,a);
  return 0;
}
```

  A. -1 1   B. 0 1   C. 1 0   D. 0 0

18. 有如下程序:

```
int main()
```

```
{ float x=2.0,y;
  if(x<0.0) y=0.0;
  else if(x<10.0) y=1.0/x;
  else y=1.0;
  printf("%f\n",y);
  return 0;
}
```

该程序的输出结果是（　　）。

  A. 0.000000 B. 0.250000 C. 0.500000 D. 1.000000

19. 请读程序：

```
int main()
{ float x,y;
  scanf("%f",&x);
  if(x<0.0) y=0.0;
  else if((x<5.0)&&(x!=2.0))
    y=1.0/(x+2.0);
  else if(x<10.0)
    y=1.0/x;
  else
    y=10.0;
  printf("%f\n",y);
  return 0;
}
```

若运行时从键盘上输入 2.0（表示回车），则上面程序的输出结果是（　　）。

  A. 0.000000 B. 0.250000 C. 0.500000 D. 1.000000

20. 若有以下定义：

```
float x;
int a,b;
```

则正确的 switch 语句是（　　）。

  A. switch(x)
    { case 1.0:printf(" * \n");
      case 2.0:printf("**\n");}

  B. switch(x)
    { case 1,2:printf(" * \n");
      case 3:printf("**\n");}

  C. switch(a+b)
    { case 1:printf("\n");
      case 1+2:printf("**\n");}

  D. switch(a+b);
    { case 1:printf(" * \n");
      case 2:printf("**\n");}

二、填空题

1. 条件"x＞20 或 x＜－100"的 C 语言表达式是_____。
2. 表示"整数 x 的绝对值大于 5"的 C 语言表达式是_____。
3. 选择结构通常包括 3 种形式：_____选择结构、_____选择结构、_____选择结构。
4. printf()函数有两个参数,前一个参数是_____,后一个参数是_____。
5. 假定所有变量均已正确说明,下列程序段运行后 x 的值是_____。

a=b=c=0;x=35;
if(!a) x--;
else if(b);
if(c) x=3;
else x=4;

6. 若在执行下面的程序时,从键盘上输入 3 和 4,则输出结果是_____。

```
#include<stdio.h>
int main()
{ int a,b,s;
  scanf("%d%d",&a,&b);
  s=a;
  if(a&&b) printf("%d\n",s);
  else printf("%d\n",s--);
  return 0;
}
```

7. 若有以下程序,执行后的输出结果是_____。

```
int main()
{ int p,a=5;
  if(p=a!=0)
     printf("%d\n",p);
  else
     printf("%d\n",p+2);
  return 0;
}
```

8. 下面程序的运行结果是_____。

```
#include<stdio.h>
int main( )
{  int x=1,y=2,z=0,i=3 ;
   if(x<y)   z=1;
   else if( x<i )   z=2;
   printf("z=%d", z);
   return 0;
}
```

三、程序设计题

1. 编写程序,输入三角形的 3 条边长,求三角形的面积。

2. 编写程序,有四个圆,圆心分别为(2,2)、(−2,2)、(−2,−2)、(2,−2),圆半径为 1。输入任一点的坐标,判断该点是在圆内还是圆外。

练习题 6　循环结构程序设计

一、单项选择题

1. 有如下程序:

```
int main()
{ int n=9;
  while(n>5) {n--;printf("%d",n);
  return 0;
}
```

该程序段的输出结果是(　　)。

A. 987　　　　　B. 876　　　　　C. 8765　　　　　D. 9876

2. 运行以下程序后,如果从键盘上输入 china#↙,则输出结果为(　　)。

```
#include<stdio.h>
int main()
{ int v1=0,v2=0;
  char ch;
  while((ch=getchar())!='#')
   switch(ch)
   { case 'a':
     case 'h':
     default:v1++;
     case '0':v2++;
   }
  printf("%d,%d\n",v1,v2);
  return 0;
}
```

A. 2,0　　　　　B. 5,0　　　　　C. 5,5　　　　　D. 2,5

3. 请读程序:

```
int main()
{ int num=0;
  while(num<=2) {num++;printf("%d\n",num);}
  return 0;
}
```

上面程序的输出结果是(　　)。

A. 1	B. 1	C. 1	D. 1
2	2	2	4
3	3		

4. 请读程序：

```
#include<math.h>
int main()
{ float x,y,z;
  scanf("%f %f",&x,&y);
  z=x/y;
  while(1)
  {if(fabs(z)>1.0) {x=y;y=z;z=x/y;}
   else break;}
  printf("%f\n",y);
  return 0;
}
```

若运行时从键盘上输入 3.6 2.4，则输出结果是(　　)。

  A. 1.500000 B. 1.600000 C. 2.000000 D. 2.400000

5. 定义如下变量：

`int n=10;`

则下列循环的输出结果是(　　)。

```
while(n>7)
    {n--;printf("%d\n",n);}
```

A. 10	B. 9	C. 10	D. 9
9	8	9	8
8	7	8	7
7	6		

6. 以下程序段的输出结果是(　　)。

```
int x=3;
do
  {printf("%3d",x-=2);} while(!(--x));
```

  A. 1 B. 3 0 C. 1 −2 D. 死循环

7. 以下叙述正确的是(　　)。

  A. do…while 语句构成的循环不能用其他语句构成的循环来代替

  B. do…while 语句构成的循环只能用 break 语句退出

  C. do…while 语句构成的循环，在 while 后的表达式为非零时结束循环

  D. 用 do…while 语句构成的循环，在 while 后的表达式为零时结束循环

8. 以下程序的输出结果是(　　)。

`int main()`

```
{ int n=4;
  while(n--) printf("%d ",--n);
  return 0;
}
```

  A. 20   B. 31   C. 321   D. 210

9. 执行下面程序片段的结果是(　　)。

```
int x=23;
do { printf("%2d",x--);} while(!x);
```

  A. 打印出 321   B. 打印出 23
  C. 不打印任何内容   D. 陷入死循环

10. 假定 a 和 b 为 int 型变量,则执行以下语句后 b 的值为(　　)。

```
a=1;b=10;
do{b-=a;a++;} while(b--<0);
```

  A. 9   B. −2   C. −1   D. 8

11. 以下循环体的执行次数是(　　)。

```
int main()
{ int i,j;
  for(i=0,j=1;i<=j+1;i+=2,j--)
    printf("%d\n",i);
  return 0;
}
```

  A. 3   B. 2   C. 1   D. 0

12. 以下程序的输出结果是(　　)。

```
int main()
{ int i;
  for(i='A';i<'I';i++,i++)
  printf("%c",i+32);
  printf("\n");
  return 0;
}
```

  A. 编译不通过,无输出   B. aceg
  C. acegi   D. abcdefghi

13. 以下程序的输出结果是(　　)。

```
int main()
{ int x=10,y=10,i;
  for(i=0;x>8;y=++i)
  printf("%d%d ",x--,y);
  return 0;
}
```

A. 10 1 9 2 B. 9 8 7 6 C. 10 9 9 0 D. 10 10 9 1

14. 请读程序：

```
int main()
{ int A,B;
  for(A=1,B=1;A<=100;A++)
    {if(B>=20) break;
     if(B%3==1)
       {B+=3;continue;}
      B-=5;}
   printf("%d\n",A);
   return 0;
}
```

上面程序的输出结果是(　　)。

  A. 7　　　　B. 8　　　　C. 9　　　　D. 10

15. 有如下程序：

```
int main()
{ int i,sum;
  for(i=1;i<=3;sum++) sum+=i;
  printf(" %d\n",sum);
  return 0;
}
```

该程序的执行结果是(　　)。

  A. 6　　　　B. 3　　　　C. 不确定　　　　D. 0

16. 若 X 是 int 型变量，且有下面的程序片段：

```
for(X=3;X<6;X++)
printf((X%2)?("* *%d"):("##%d\n"),X);
```

上面程序片段的输出结果是(　　)。

  A. **3　　　　B. ##3　　　　C. ##3　　　　D. **3##4
  　　##4　　　　　　**4　　　　　　**4##5　　　　　　**5
  　　**5　　　　　　##5

17. 设 j 为 int 型变量，则下面 for 循环语句的执行结果是(　　)。

```
for(j=10;j>3;j--)
{ if(j%3) j--;
  --j;--j;
  printf("%d ",j);
}
```

  A. 6 3　　　　B. 7 4　　　　C. 6 2　　　　D. 7 3

18. 执行下面的程序后，a 的值为(　　)。

```
int main()
```

```
{ int a,b;
  for(a=1,b=1;a<=100;a++)
  { if(b>=20) break;
    if(b%3==1) {b+=3;continue;}
    b-=5
  }
  return 0;
}
```

  A. 7   B. 8   C. 9   D. 10

19. 下面程序的输出是( )。

```
int main()
{ int y=9;
  for( ;y>0;y--)
  {  if(y%3==0) {printf("%d",--y); continue;}
  }
  return 0;
}
```

  A. 741   B. 852   C. 963   D. 875421

20. 设 x 和 y 均为 int 型变量,则执行下面的循环后,y 值为( )。

```
for(y=1,x=1;y<=50;y++)
{  if(x>=10)
     break;
   if(x%2==1)
     {x+=5;continue;}
   x-=3;
}
```

  A. 2   B. 4   C. 6   D. 8

二、填空题

1. 若输入字符串:abcde✓,则以下 while 循环体将执行_____次。

```
while((ch=getchar())=='e') printf(" * ");
```

2. 以下程序的功能是:从键盘上输入若干学生的成绩,统计并输出最高成绩和最低成绩,当输入负数时结束输入。请填空。

```
int main()
{ float x,amax,amin;
  scanf("%f ",&x);
  amax=x;amin=x;
  while _____
  {if(x>amax) amax=x;
    if _____  amin=x;
     scanf("%f",&x); }
```

```
        printf("\namax=%f\namin=%f\n",amax,amin);
        return 0;
    }
```

3. 设有如下程序段：

```
int i=0,sum=1;
do{ sum+=i++;} while(i<6);
printf("%d\n",sum);
```

上述程序段的输出结果是_____。

4. 下面程序的功能是：计算 1～10 的奇数之和及偶数之和，请填空。

```
#include<stdio.h>
int main()
{ int a,b,c,i;
  a=c=0;
  for(i=0;i<10;i+=2)
  { a+=i;_____;c+=b;}
  printf("偶数之和=%d\n",a);
  printf("奇数之和=%d\n",c-11);
  return 0;
}
```

5. 下面程序的功能是：输出 100 以内能被 3 整除且个位数为 6 的所有整数，请填空。

```
#include<stdio.h>
int main()
{ int i,j;
  for(i=0;_____;i++)
  { j=i*10+6
  if _____ continue;
  printf("%d",j);}
  return 0;
}
```

6. 以下程序的输出结果是_____。

```
int main()
{ int s,i;
  for(s=0,i=1;i<3;i++,s+=i);
    printf("%d\n",s);
  return 0;
}
```

7. 有以下程序：

```
#include<stdio.h>
int main()
{ char c;
```

```
    while((c=getchar())!='? ')   putchar(--c);
    return 0;
}
```

程序运行时,如果从键盘输入:Y?N?↙,则输出结果为_____。

8. 以下程序的功能是计算 $s=1+\dfrac{1}{2!}+\dfrac{1}{3!}+\cdots+\dfrac{1}{n!}$,请填空。

```
#include<stdio.h>
int main()
{  double s=0.0,fac=1.0;   int   n,i;
   scanf("%d",&n);
   for(i=1;i<=n;i++)
   { fac=fac _____;
     s=s+1/fac;
   }
   printf("%f",s);
   return 0;
}
```

三、程序设计题

1. 据 2005 年末统计,我国人口为 130 756 万人,如果人口的年增长率为 1%,请编写程序计算到哪一年中国总人口会超过 15 亿。

2. 编写程序,输出斐波那契(Fibonacci)数列:1,1,2,3,5,8,13…的前 40 个数。

练习题 7　数　　组

1. 编写程序,求一个 3×3 的整数矩阵对角线元素之和。

2. 如果一个数恰好等于它的因子之和,这个数就称为"完数",如 6＝1＋2＋3。编程找出 1000 以内的所有完数。

3. 有 15 个数按由大到小的顺序存放在一个数组中,输入一个数,要求用折半查找法找出该数是数组中的第几个元素的值。如果该数不在数组中,则输出"无此数",输入 0 退出查找。

4. 编写程序,将两个字符串连接起来,不要用 strcat()函数。

5. 编写程序,将字符数组 s2 中的全部字符复制到字符数组 s1 中,不用 strcpy()函数,复制时,"\0"也要复制过去。"\0"后面的字符不用复制。

6. 编写程序,有 3 个字符串,要求输出其中最大者。

7. 编写程序,用筛选法求 100 以内的素数。

8. 如果一个正整数等于其各个数字的立方和,则该数被称为阿姆斯特朗数(也称为自恋性数)。如 $407=4^3+0^3+7^3$ 就是一个阿姆斯特朗数。试编程求 1000 以内的所有阿姆斯特朗数。

练习题 8 函 数

一、单项选择题

1. 对于 C 语言程序的函数,（　　）的叙述是正确的。
   A. 函数定义不能嵌套,但函数调用可以嵌套
   B. 函数定义可以嵌套,但函数调用不能嵌套
   C. 函数定义与调用均不能嵌套
   D. 函数定义与调用均可以嵌套

2. 一个函数返回值的类型是由（　　）决定的。
   A. return 语句中表达式的类型　　B. 在调用函数时临时指定
   C. 定义函数时指定的函数类型　　D. 调用该函数的主调函数的类型

3. 有如下函数调用语句：

   func(re1,re2+re3,(re4,re5));

   该函数调用语句中,含有的实参个数是（　　）。
   A. 3　　　　　　B. 4　　　　　　C. 5　　　　　　D. 有语法错

4. 下面是一个函数：

```
void change(int a,int b)
{   int temp;
    temp=a;
    a=b;
    b=temp;
    return;
}
```

该函数的功能是（　　）。
   A. 互换传值给形参的两个实参的值
   B. 互换两个形参的值,而传值给形参的两个实参的值保持不变
   C. 互换两个形参的值和互换两个实参的值
   D. 该函数无法通过编译

5. （　　）变量在整个程序运行期间始终占据内存单元,只有在程序执行完毕后才释放这些单元。
   A. 整型　　　　B. 静态存储　　　C. 动态存储　　　D. 自动

二、填空题

1. 以下程序是一个函数,函数的功能是求出 100～200 能被 5 整除,但不能被 3 整除的数并输出。

```
#include<stdio.h>
int main()
{   int xyz(int i);
```

```
    int i;
    for(i=100;i<=200;i++)
        _____
        printf("%d\n",i);
    return 0;
}
int xyz(int i)
{   int j=0;
    if(_____) j=1;
    return j;
}
```

2. 以下程序的功能是给出年、月、日，计算该日是该年的第几天。

```
#include<stdio.h>
int main()
{   int sum_day(int month,int day);
    int leap(int year);
    int year,month,day,days;
    printf("请输入年、月和日: ");
    scanf("%d,%d,%d", _____);
    printf("%d / %d / %d ",year,month,day);
    days=sum_day(month,day);
    if(leap(year) && month>=3)
        days=days+1;
    printf("is the %dth day in this year.\n",days);
    return 0;
}
int sum_day(month,day)
{   int day_tab[13]={0,31,28,31,30,31,30,31,31,30,31,30,31};
    int i;
    for(i=1;i<month;i++)
     _____;
    return day;
}
int leap(int year)
{   int flag;
    flag=_____;
    return flag;
}
```

三、程序设计题

1. 编写一个函数，利用参数传入一个 3 位数 n，找出 101～n 所有满足既是完全平方数，又有两位数字相同的数，如 144、676 等，函数返回值为找出的这样的数据的个数。请同时编写主函数调用该函数验证。

2. 编写程序,输入 x 和 n,用递归的方法计算函数 px(x,n)＝$x+x^2+x^3+\cdots+x^n$ 的值。

3. 编写一个函数,由实参传来一个字符串,统计该字符串中字母、数字、空格和其他字符的个数,在主函数中输入字符串以及输出上述结果。

练习题9 指　　针

一、单项选择题

1. 若有语句"char ＊line[5];",以下叙述中正确的是(　　)。

　　A. 定义 line 是一个数组,每个数组元素是一个基类型为 char 的指针变量

　　B. 定义 line 是一个指针变量,该变量可以指向一个长度为 5 的字符型数组

　　C. 定义 line 是一个指针数组,语句中的 ＊号称为间址运算符

　　D. 定义 line 是一个指向字符型函数的指针

2. 若有说明"long ＊p,a;",则不能通过 scanf 语句正确给输入项读入数据的程序段是(　　)。

　　A. scanf("％ld",&a);

　　B. p＝(long＊)malloc(8);scanf("％ld",p);

　　C. scanf("％ld",p＝&a);

　　D. ＊p＝&a;scanf("％ld",p);

3. 有以下函数：

```
int abc(char ＊s)
{ char ＊t=s;
  while(＊t++);
  t--;
  return(t-s);
}
```

以下关于 abc()函数的功能的叙述正确的是(　　)。

　　A. 求字符串 s 的长度　　　　　　　B. 比较两个串的大小

　　C. 将串 s 复制到串 t　　　　　　　D. 求字符串 s 所占字节数

4. 有以下程序：

```
#include<stdio.h>
int b=2;
int fun(int ＊k)
{ b=＊k+b;
  return (b);
}
int main()
{int a[10]={1,2,3,4,5,6,7,8},i;
for(i=2;i<4;i++)
{ b=fun(&a[i])+b;
  printf("%d ",b);
```

    }
    return 0;
}
```

程序运行后的输出结果是(    )。

　　A. 10 12　　　　　B. 8 10　　　　　C. 10 28　　　　　D. 10 1b

5. 有以下程序：

```
#include<stdio.h>
#include<stdlib.h>
int fun(int n)
{ int *p;
  p=(int *)malloc(sizeof(int));
  *p=n; return *p;
}
int main()
{ int a;
  a=fun(10); printf("%d\n", a+fun(10));
  return 0;
}
```

程序的运行结果是(   )。

　　A. 0　　　　　B. 10　　　　　C. 20　　　　　D. 出错

二、填空题

1. 如下程序用来判断数组中特定元素的所在位置。

```
#include<stdio.h>
    int fun(int *s, int t, int *k)
    { int i;
      *k=0;
      for(i=0;i<t;i++)
      if(s[*k]<s[i]) *k=i;
      return s[*k];
    }
    int main()
    {   int a[10]={876,675,896,101,301,401,980,431,451,777},k;
        fun(a, 10, &k);
        printf("%d, %d\n",k,a[k]);
        return 0;
    }
```

如果输入整数 876 675 896 101 301 401 980 431 451 777,则输出结果为_____。

2. 下面程序的运行结果是_____。

```
#include<stdio.h>
void fun(char *p,char b)
{    while(*(p++)!='\0');
```
```

```c
        while(*(p+1)<b)
        *(p--)=*(p-1);
        *(p--)=b;
        printf("%s",p++);
    }
    int main()
    {
        char s[]="54679",c='3';
        fun(s,c);
        return 0;
    }
```

3. 下面程序的运行结果是_____。

```c
#include<stdio.h>
int main()
{   int a[3][4]={7,5,1,3,4,2,6,10,8,9,12,11};
    int (*p)[4];
    int i,j,m,n=0;
    p=a;
    for(i=0; i<3; i++)
        for(j=0; j<4; j++)
            n=(m=*(*(p+i)+j))>n?m:n;
    printf("%d",n);
    return 0;
}
```

三、程序设计题

1.按照惯例,奥运会开幕式由希腊(Greece)代表团第一位出场,代表奥运会的发源地在希腊,东道主代表团最后一位出场,其他国家代表团出场顺序以国名在英文字典中的位置先后为序,要求:请用指针数组编程实现,输入奥运会参赛国国名,并按照以上惯例,输出各国代表团的出场顺序,假设参赛国数量不超过 100 个。

2. 编写程序,输入 n 个整数,将其中最小的数与第一个数对换,把最大的数与最后一个数对换。

提示:①函数 input(int *p, int n)输入整数;②函数 deal(int *p, int n)处理整数的交换;③函数 output(int *p, int n)输出整数。其中 p 为指向整型的指针,n 为整数的个数。

3. 有一个整型数组的定义为 A[nSize],在该数组元素中隐藏着若干整数 0,其余为非 0 整数,写一个函数 int Func(int *A,int nSize),使数组 A 中含整数 0 的元素移至数组后面,含非 0 整数的元素移至数组前面并保持有序。

4. 用指针编程实现:读一条消息,然后检查这条消息是否是回文(消息中的字母从左往右和从右往左看是一样的,且忽略所有不是字母的字符)。例如,输入一条消息:"He lived as a devil,eh?"是回文;输入一条消息:"Madam,I am Adam."不是回文。

练习题 10 结构体、共用体和枚举类型

一、单项选择题

1. 假设有如下定义：

```
struct
{ int a;
  float b;
}data,*p;
```

若有 p=&data,则对 data 中的 a 域的正确引用是(   )。

  A.（*p).data.a B. p->data.a C.（*p).a D. p.data.a

2. 假设有如下定义：

```
struct City
{
  char *name;
  long total;
}city[]={"Guangzhou",800,"Meizhou",600,"Shanghai",500,"Hangzhou",400};
```

能正确输出字符串 Meizhou 的语句是(   )。

  A. printf("%c",city[1].name); B. printf("%s",city[1].name[1]);
  C. printf("%s",city.name[1]); D. printf("%s",city[1].name);

3. 设有以下说明,则下面不正确的叙述是(   )。

```
union Data
{ int i;
  char c;
  float f;
}a;
```

  A. a 所占的内存长度等于成员 f 的长度
  B. a 的地址和它的各成员地址都是同一地址
  C. 不能对 a 整体赋值
  D. 不可以定义共用体数组

4. 执行下面程序段后的输出结果是(   )。

```
enum Days
{ MON=1,TUE,WED,THU,FRI,SAT,SUN
};
int main()
{ enum Days today,tomorrow;
  today=SAT;
  tomorrow=(enum Days)((today+2)%7);
  printf("%d\n",tomorrow);
```

```
        return 0;
}
```

    A. 0   B. 1   C. MON   D. 编译时出错

5. 以下关于 typedef 的叙述不正确的是(　　)。

    A. 用 typedef 可以增加新类型

    B. 用 typedef 可以定义各种类型名,但不能用来定义变量

    C. 使用 typedef 只是将已存在的类型用一个新的名称来代替

    D. 使用 typedef 便于程序的通用

二、写出程序的运行结果

1. 程序如下:

```c
#include<stdio.h>
struct STU
{ char num[10];
  float score[3];
};
int main()
{ struct STU s[3]={{"1311101",75,85,95},{"1313102",98,88,95},{"1301103",75,88,
                   92}},*p=s;
  int i;
  float sum=0;
  for(i=0;i<3;i++)
     sum=sum+p->score[i];
  printf("%5.2f\n",sum);
  return 0;
}
```

2. 程序如下:

```c
#include<stdio.h>
struct HAR
{ int x,y;
  struct HAR *p;
}h[2];
int main()
{ h[0].x=1;h[0].y=2;
  h[1].x=3;h[1].y=4;
  h[0].p=&h[1];
  h[1].p=h;
  printf("%d,%d\n",(h[0].p)->x,(h[1].p)->y);
  return 0;
}
```

三、程序设计题

1. 利用结构体数组输入 N 位用户的姓名(由若干英文字母组合成的字符串)和电话号

码,按姓名在英文字典中字母的先后顺序,输出用户的姓名和电话号码。已知结构体如下:

```
struct User
{ char name[20];        //姓名
  char num[15];         //电话号码
};
```

2. 定义结构体 COMPLEX 表示复数,实数部分名为 rp(整型表示),虚数部分名为 ip(整型表示),编写各函数实现复数运算,并由主函数调用这些函数。复数运算包括:输入一个复数、输出一个复数、计算两个复数的和、计算两个复数的积。

3. 利用结构体类型编写一个程序,根据输入的年份,打印该年 12 个月的日历表。

4. N 个人围成一圈,从第 1 个人开始顺序报号,如 1、2、3。凡报到 M 都退出圈子,编写程序,找出最后留在圈子中的人原来的序号,要求用链表完成。

5. 编写程序,用链表实现某单位员工工资的管理,包括工资表的建立、计数、求最高工资、输出四个基本操作。假设工资表只含姓名和工资两项,当输入姓名和工资为 0 时,结束链表的建立操作。各操作均用函数完成,内容要求如下:

(1) 建立单链表,完成工资表的建立。
(2) 统计共输入多少位员工的工资。
(3) 求出最高工资员工的姓名和工资。
(4) 输出链表信息。

练习题 11 位 运 算

一、单项选择题

1. 设有定义语句"char c1=49,c2=49;",则以下表达式中值为 0 的是(   )。
    A. c1&&c2   B. c1^c2   C. c1&c2   D. c1|c2
2. 在位运算中,操作数每左移一位,其结果相当于(   )。
    A. 操作数乘以 2   B. 操作数除以 2   C. 操作数除以 4   D. 操作数乘以 4
3. 以下程序运行后的输出结果是(   )。

```
int main()
{ int a,b,c;
  a=0x5;b=a|0x8;c=b<<1;
  printf("%d %d\n",b,c);
  return 0;
}
```

    A. −13 12   B. −3 −13   C. 13 26   D. 12 24
4. 执行以下的程序段后,b 的值是(   )。

```
int x=15,b;
char ch='A';
b=((x&15) && (ch<'a'));
```

A. 0　　　　　　B. 1　　　　　　C. 2　　　　　　D. 3

5. 设位段的空间分配为由右到左，则以下程序的运行结果是(　　)。

```
struct packed_bit
{ unsigned a:2;
  unsigned b:3;
  unsigned c:4;
  int i;
} data;
int main()
{ data.a=8; data.b=2;data.c=20;
  printf("%d\n",data.a+data.b+data.c);
  return 0;
}
```

　　A. 30　　　　　B. 22　　　　　C. 24　　　　　D. 6

二、分析程序的运行结果

1. 程序如下：

```
#include<stdio.h>
int main()
{ unsigned a=10,x,y;
  int n=1;
  x=a<<(16-n);
  printf("x=%d\n",x);
  y=a>>n;
  printf("y1=%d\n",y);
  y|=x;
  printf("y2=%d\n",y);
  return 0;
}
```

2. 程序如下：

```
#include<stdio.h>
struct bit
{ unsigned a_bit:2;
  unsigned b_bit:2;
  unsigned c_bit:1;
  unsigned word:8;
};
int main()
{ struct bit *p;
  unsigned int modeword;
  printf("请输入一个十进制数:");
  scanf("%x",&modeword);
  p=(struct bit *)&modeword;
```

```
    printf("a_bit: %d\n",p ->a_bit);
    printf("b_bit: %d\n",p ->b_bit);
    printf("c_bit: %d\n",p ->c_bit);
    return 0;
}
```

若运行时从键盘输入 86↙,则以上程序运行结果是什么?

三、程序设计题

1. 编写程序,从键盘输入一个整数,按二进制位输出该数。

2. 编写函数,功能为取出一个 16 位的二进制数的奇数位,即从左边起的第 1,3,5,…,15 位。同时编写主函数调用该函数。

练习题 12　文　　件

一、单项选择题

1. 在 C 语言中,下面对文件的叙述正确的是(　　)。
    A. 用"r"方式打开的文件只能向文件写数据
    B. 用"R"方式也可以打开文件
    C. 用"w"方式打开的文件只能用于向文件写数据,且该文件可以不存在
    D. 用"a"方式可以打开不存在的文件

2. 若要用 fopen()函数打开一个新的二进制文件,该文件要既能读也能写,则打开文件方式的字符串应是(　　)。
    A. "ab+"　　　　　B. "wb+"　　　　　C. "rb+"　　　　　D. "ab"

3. 已知函数的调用形式:"fread(bufferb,size,countb,fp);",其中 buffer 代表的是(　　)。
    A. 一个整型变量,代表要读入的数据项总数
    B. 一个文件指针,指向要读的文件
    C. 一个指针,指向要读入数据的存放地址
    D. 一个存储区,存放要读的数据项

4. 在 C 语言程序中,可把整型数以二进制形式存放到文件中的函数是(　　)。
    A. fprintf()函数　　B. fread()函数　　C. fwrite()函数　　D. fputc()函数

5. 若要打开 D 盘上 user 子目录下名为 abc.txt 的文本文件进行读、写操作,下面符合此要求的函数调用是(　　)。
    A. fopen("D:\user\abc.txt","r")
    B. fopen("D:\\user\\abc.txt","r+")
    C. fopen("D:\user\abc.txt","rb")
    D. fopen("D:\\user\\abc.txt","w")

二、填空题

1. 下面是统计文本文件"d:\example\file.txt"中字符个数的程序,请填空。

```
#include<stdio.h>
#include<stdlib.h>
```

```
int main()
{   FILE *fp;
    long count=0;
    if((fp=fopen("d:\\example\\file.txt","r"))==NULL)
        exit(0);
    while(!feof(fp))
    { _____;
      count++;
    }
    printf("count=%ld\n",count);
    fclose(fp);
    return 0;
}
```

2. 下面是检查 C 语言程序"d:\example\pro.c"中的花括号是否配对的程序，请填空。

```
#include<stdio.h>
#include<stdlib.h>
int main()
{   FILE *fp;
    char ch;
    int count1=0,count2=0;
    if((fp=fopen("d:\\example\\pro.c","r"))==NULL)
        exit(0);
    while(!feof(fp))
    { _____;
      if(ch=='{') count1++;
      if(ch=='}') count2++;
    }
    if(count1==count2)
       printf("YES!\n");
    else
       printf("ERROR!\n");
    fclose(fp);
    return 0;
}
```

三、程序设计题

1. 编写程序，将 1～1000 中所有能被 3 或 7 整除的整数存放在文件 d:\example\dfile.dat 中。

2. 编写程序，从第 1 题建立的文件 d:\example\dfile.dat 中读取所有数据，并统计偶数的个数。

3. 编写程序，将 d:\example\date1.txt 文件中的字符复制到 d:\example\date2.txt 文件中。

4. 在 d:\example 目录下有两个文件，各自存放已排好序的若干字符(如 dfile1.txt 中存放 gril,dfile2.txt 中存放 boy),编写程序,要求将两个文件合并,合并后仍然保持有序(如 bgilory),存放在 dfile3.txt 文件中。

5. 在 d:\example 目录下有两个文件:文件 str.txt 中存放了一串字符,如 example;文件 val.txt 中存放了两个整数:m 和 n,如 3 和 2。编写程序,读出这两个文件中的数据,从字符串中的第 m 个字符开始,取出 n 个字符,如 am,追加在文件 str.txt 中,得到 exampleam。

6. 编写程序,比较两个文本文件的内容是否相同,并输出两文件内容首次不同的行号和字符位置。

7. 编写程序,将一个 C 语言源程序文件中所有注释去掉后,存入另一个文件。

8. 编写程序,从 d:\example\testsc.dat 文件(包括学号 num、姓名 name[10]及 4 门课的成绩 score[4])中输出一个任意指定的记录。

第 9 章 补充练习题参考答案

练习题 1 参考答案

1. 编写程序如下。

```
#include<stdio.h>
int main()
{
    printf("┌──────────────┐\n");
    printf("│   C语言真奇妙!   │\n");
    printf("└──────────────┘\n");
    return 0;
}
```

运行结果：

┌──────────────┐
│   C语言真奇妙!   │
└──────────────┘

2. 运行结果：

15, -5, 50, 0, 5

3. 依次填写为

2*(width+length)   width*length   p   s

4. 编写程序如下。

```
#include<stdio.h>
int main()
{
    printf("我在计算机学院\n");
    printf("我的学号是2211120\n");
    printf("我叫陈晰\n");
    printf("我的籍贯是梅州\n");
}
```

运行结果：

我在计算机学院

我的学号是 2211120
我叫陈晰
我的籍贯是梅州

练习题 2 参 考 答 案

1. 九九乘法表的 N-S 图如图 9.1 所示。

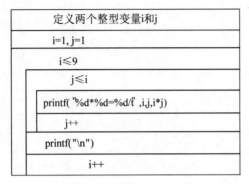

图 9.1 九九乘法表 N-S 图

2. ① m 与 n 互换
   ② 当 r≠0

练习题 3 参 考 答 案

一、填空题

1. $-2^{15} \sim 2^{15}-1$
2. 10,6
3. 1
4. 1
5. f

二、单项选择题

1. D 2. A 3. A 4. C 5. C 6. D 7. C 8. B 9. A 10. D
11. C 12. D 13. A 14. D 15. A 16. A 17. A 18. A 19. D 20. B

练习题 4 参 考 答 案

1. 编写程序如下。

```
#include<stdio.h>
int main()
{
    char c1,c2;
```

```c
        printf("输入一个小写字母\n");
        c1=getchar();
        printf("%c,%d\n",c1,c1);
        c2=c1-32;
        printf("%c,%d\n",c2,c2);
        return 0;
}
```

运行结果：

输入一个小写字母
a
a,97
A,65

2. 编写程序如下。

```c
#include<stdio.h>
int main()
{
    int a,b,c;
    printf("输入 a, b: ");
    scanf("%d,%d",&a,&b);
    printf("没交换之前的输出:a=%d b=%d\n",a,b);
    c=a; a=b; b=c;
    printf("交换之后的输出: a=%d b=%d\n",a,b);
    return 0;
}
```

运行结果：

输入 a, b: 23,45
没交换之前的输出：a=23, b=45
交换之后的输出：a=45, b=23

3. 编写程序如下。

```c
#include<stdio.h>
int main()
{
    unsigned long no;                          //学号
    unsigned int year, month, day;             //生日(年、月、日)
    unsigned char sex;                         //性别
    float chinese, math, english;              //语文、数学、英语成绩
    float total, average;                      //总分、平均分
    printf("输入学生学号: ");
    scanf("%ld", &no);
    printf("输入学生生日(yyyy-mm-dd): ");
    scanf("%4d-%2d-%2d", &year, &month, &day);
```

```
        fflush (stdin);                              //清除键盘缓冲区
        printf("输入学生性别(M/F)：");
        scanf("%c", &sex);
        printf("输入学生的分数(chinese, math, english)：");
        scanf("%f,%f,%f", &chinese, &math, &english);
        total=chinese +math +english;                //计算总分
        average=total / 3;                           //计算平均分
        printf("学号：%08ld\n",no);
        printf("生日：%4d-%02d-%02d\n",year, month, day);
        printf("性别：%c\n",sex);
        printf("语文成绩：%-5.1f\n",chinese);
        printf("数学成绩：%-5.1f\n",math);
        printf("英语成绩：%-5.1f\n",english);
        printf("总分：%-5.1f\n",total);
        printf("平均分%-5.1f\n",average);
        return 0;
    }
```

运行结果：

输入学生学号：00001
输入学生生日(yyyy-mm-dd)：1995-12-11
输入学生性别(M/F)：m
输入学生的分数(chinese, math, english)：45,56,78
学号：00000001
生日：1995-12-11
性别：m
语文成绩：45.0
数学成绩：56.0
英语成绩：78.0
总分：179.0
平均分 59.7

4. 编写程序如下。

```
#include<stdio.h>
#include<conio.h>
int main()
{
    char ch, ch1, ch2;                              //定义变量
    printf("输入一字符：");
    ch=getchar();                                   //读取一字符
    ch1='z'-('z'-ch+1)%26;                          //求前驱字符
    ch2='a'+(ch-'a'+1)%26;                          //求后继字符
    printf("前驱字符=%c,后继字符=%c\n",ch1,ch2);    //显示结果
    return 0;
}
```

运行结果：

输入一字符：f
前驱字符 = e, 后继字符 = g

5. 编写程序如下。

```c
#include<stdio.h>
int main()
{
    int x,y,z;
    printf("输入  x , y:\n");
    scanf("%d %d",&x,&y);
    x=x%100; y=y%100;                    /*保证x、y中只能是两位整数*/
    z=(x/10)*1000+(x%10)*10+y/10+(y%10)*100;
    printf("x=%d,y=%d,z=%d\n",x,y,z);
    return 0;
}
```

运行结果：

输入 x, y:
45 76
x=45,y=76,z=4657

6. 编写程序如下。

```c
#include<stdio.h>
int main()
{
    int x,y;
    printf("输入长方形的长:");
    scanf("%d",&x);
    printf("输入长方形的宽:");
    scanf("%d",&y);
    printf("面积为: %d\n",x*y);
    return 0;
}
```

运行结果：

输入长方形的长：5
输入长方形的宽：7
面积为：35

7. 编写程序如下。

```c
#include<stdio.h>
int main()
{
```

```
    int x,y;
    printf("输入三角形的底:");
    scanf("%d",&x);
    printf("输入三角形的高:");
    scanf("%d",&y);
    printf("面积为: %d\n",x*y/2);
    return 0;
}
```

运行结果:

输入三角形的底: 5
输入三角形的高: 4
面积为: 10

8. 编写程序如下。

```
#include<stdio.h>
#define PA 3.1415926          /*定义符号常量PA*/
int main()
{
    float fRadius,fVolume;    /*定义浮点变量*/
    printf("输入球的半径:");
    scanf("%f",&fRadius);     /*输入一个浮点格式的数*/
    fVolume=(float)4/3*PA*fRadius*fRadius*fRadius;
                              /*将整数4强制转换为浮点型数4.0*/
    printf("球的体积为: %f",fVolume);
    return 0;
}
```

运行结果:

输入球的半径: 5.3
球的体积为: 623.614576

9. 编写程序如下。

```
#include<stdio.h>
int main()
{
    int a,b;
    printf("输入a b的值:\n");
    scanf("%d %d",&a,&b);
    printf("%d+%d=%d\n",a,b,a+b);
    printf("%d-%d=%d\n",a,b,a-b);
    printf("%d*%d=%d\n",a,b,a*b);
    printf("%d/%d=%d\n",a,b,a/b);
    printf("%d/%d=%f\n",a,b,(float)a/b);
    return 0;
}
```

运行结果：

输入 a b 的值：
5 10
5+10=15
5-10=-5
5*10=50
5/10=0
5/10=0.500000

练习题5 参 考 答 案

一、单项选择题

1. A 2. C 3. C 4. D 5. A 6. B 7. D 8. D 9. C 10. B
11. B 12. C 13. A 14. B 15. A 16. D 17. C 18. C 19. C 20. C

二、填空题

1. x>20||x<-100
2. if(abs(x)>5)
3. if、if…else、switch
4. 格式控制、输出表列
5. 4
6. 3
7. 1
8. z=1

三、程序设计题

1. 编写程序如下。

```
#include<stdio.h>
#include<math.h>
int main()
{
    double a,b,c,s,area;
    printf("请输入三角形的三条边：");
    scanf("%lf,%lf,%lf",&a,&b,&c);
    if(a+b>c && b+c>a && c+a>b)
    {
        s=0.5*(a+b+c);
        area=sqrt(s*(s-a)*(s-b)*(s-c));
        printf("三角形的面积：%6.2f\n",area);
    }
    else
        printf("你输入的三条边不能构成一个三角形。\n");
    return 0;
}
```

运行结果：

请输入三角形的三条边：3,4,6
三角形的面积：5.33

2. 编写程序如下。

```c
#include<stdio.h>
int main()
{
    float x1=2,y1=2,x2=-2,y2=2,x3=-2,y3=-2,x4=2,y4=-2,x,y,d1,d2,d3,d4;
    printf("请输入任意一点的坐标(x,y)：");
    scanf("%f,%f",&x,&y);
    d1=(x-x1)*(x-x1)+(y-y1)*(y-y1);
    d2=(x-x2)*(x-x2)+(y-y2)*(y-y2);
    d3=(x-x3)*(x-x3)+(y-y3)*(y-y3);
    d4=(x-x4)*(x-x4)+(y-y4)*(y-y4);
    if(d1>1 && d2>1 && d3>1 && d4>1)
        printf("该点在圆外。\n");
    else
        printf("该点在圆内。\n");
    return 0;
}
```

运行结果：

请输入任意一点的坐标<x,y>：4,5
该点在圆外。

练习题6 参考答案

一、单项选择题

1. B 2. C 3. A 4. B 5. B 6. C 7. D 8. A 9. B 10. D
11. C 12. B 13. D 14. B 15. C 16. D 17. B 18. B 19. B 20. C

二、填空题

1. 0
2. x>0、x<amin
3. 16
4. b=i+1
5. i<10、j%3
6. 5
7. X
8. *i

三、程序设计题

1. 编写程序如下。

```c
#include<stdio.h>
int main()
{
    double p=1.30756e9,r=0.01;
    int y;
    for(y=2006;p<1.5e9;y++)
        p=p*(1+r);
    printf("年份=%d,人口总数=%e\n",y-1,p);
    return 0;
}
```

运行结果：

年份=2019,人口总数=1.503007e+009

2. 编写程序如下。

```c
#include<stdio.h>
int main()
{
    long int f1,f2;
    int i;
    f1=1;
    f2=1;
    for(i=1;i<=20;i++)
    {
        printf("%12ld %12ld ",f1,f2);
        if(i%2==0) printf("\n");
        f1=f1+f2;
        f2=f2+f1;
    }
    return 0;
}
```

运行结果：

1	1	2	3
5	8	13	21
34	55	89	144
233	377	610	987
1597	2584	4181	6765
10946	17711	28657	46368
75025	121393	196418	317811
514229	832040	1346269	2178309
3524578	5702887	9227465	14930352
24157817	39088169	63245986	102334155

练习题 7 参考答案

1. 编写程序如下。

```c
#include<stdio.h>
#define N 3
#define M 3
int main()
{
  float a[N][M],sum=0;
  int i,j;
  printf("请输入一个 3 * 3 的矩阵:\n");
  for(i=0;i<N;i++)
    for(j=0;j<M;j++)
      scanf("%f",&a[i][j]);
  for(i=0;i<N;i++)
    sum=sum+a[i][i];
  printf("对角线之和是 %6.2f\n",sum);
  return 0;
}
```

运行结果：

请输入一个 3 * 3 的矩阵:
23 55 78
12 38 58
89 74 90
对角线之和是 151.00

2. 编写程序如下。

```c
#include<stdio.h>
#define M 200
int main()
{
  int k[M];
  int i,j,n,s;
  for(j=2;j<1000;j++)
  {
    n=-1;
    s=j;
    for(i=1;i<j;i++)
    {
      if((j%i)==0)
      {
        n++;
```

```
            s=s-i;
            k[n]=i;
        }
      }
    if(s==0)                    //说明是完数
    { printf("%d 是完数:",j);
      for(i=0;i<=n;i++)
        printf("%d ",k[i]);
      printf("\n");
    }
  }
  return 0;
}
```

运行结果:

6 是完数:1 2 3
28 是完数:1 2 4 7 14
496 是完数:1 2 4 8 16 31 62 124 248

3. 编写程序如下。

```
#include<stdio.h>
#define N 15
int main()
{
  int i,j,number,top,bott,min,loca,a[N],flag;
  char c;
  printf("输入 15 个数(a[i]>a[i-1])\n");
  scanf("%d",&a[0]);
  i=1;
  while(i<N)
  {
    scanf("%d",&a[i]);
    if(a[i]>=a[i-1])
      i++;
    else
    {
      printf("请重输入 a[i]");
      printf("必须大于%d\n",a[i-1]);
    }
  }
  for(i=0;i<N;i++)
    printf("%4d",a[i]);
  printf("\n");
  while(1)
  {
```

```
            printf("请输入查找数据(输入 0 退出):");
            scanf("%d",&number);
            if(number==0) break;
            loca=0;
            top=0;
            bott=N-1;
            if((number<a[0])||(number>a[N-1]))
               loca=-1;
            while((loca==0)&&(top<=bott))
            {
               min=(bott+top)/2;
               if(number==a[min])
               {
                  loca=min;
                  printf("%d 位于表中第%d 个数\n",number,loca+1);
               }
               else if(number<a[min])
                   bott=min-1;
               else
                   top=min+1;
            }
            if(loca==0||loca==-1)
              printf("无此数\n");
        }
        return 0;
    }
```

运行结果:

输入 15 个数(a[i]>[i-1])
11 21 32 43 54 66 75 86 98 100 120 137 140 155 160
11 21 32 43 54 66 75 86 98 100 120 137 140 155 160
请输入查找数据(输入 0 退出):66
66 位于表中第 6 个数
请输入查找数据(输入 0 退出):87
无此数
请输入查找数据(输入 0 退出):0
Press any key to continue

4. 编写程序如下。

```
#include<stdio.h>
#define N 80
#define M 40
int main()
{
    char s1[N],s2[M];
```

```
    int i=0,j=0;
    printf("请输入字符串1:");
    scanf("%s",s1);
    printf("请输入字符串2:");
    scanf("%s",s2);
    while(s1[i]!='\0')
       i++;
    while(s2[j]!='\0')
       s1[i++]=s2[j++];
    s1[i]='\0';
    printf("连接后字符串为:%s\n",s1);
    return 0;
}
```

运行结果：

请输入字符串1: hello
请输入字符串2: word
连接后字符串为: helloword

5. 编写程序如下。

```
#include<stdio.h>
#include<string.h>
#define N 80
int main()
{
  char from[N],to[N];
  int i;
  printf("请输入字符串1:");
  scanf("%s",to);
  printf("请输入字符串2:");
  scanf("%s",from);
  for(i=0;i<=strlen(from);i++)
     to[i]=from[i];
  printf("复制字符串为:%s\n",to);
  return 0;
}
```

运行结果：

请输入字符串1: fsldkfjs
请输入字符串2: sjfksldfj
复制字符串为: sjfksldfj

6. 编写程序如下。

```
#include<stdio.h>
#include<string.h>
```

```
#define N 3
#define M 20
int main()
{
  char string[M];
  char str[N][M];
  int i;
  printf("输入 3 个字符串:\n");
  for(i=0;i<N;i++)
    gets (str[i]);
  if(strcmp(str[0],str[1])>0)
    strcpy(string,str[0]);
  else strcpy(string,str[1]);
  if(strcmp(str[2],string)>0)
    strcpy(string,str[2]);
  printf("最大的字符串是:\n%s\n",string);
  return 0;
}
```

运行结果:

输入 3 个字符串:
fslfkjslf
sflkdsf
afddf
最大的字符串是:
sflkdsf

7. 编写程序如下。

```
#include<stdio.h>
#include<math.h>
#define N 101
int main()
{ int i,j,n,a[N];
  for(i=1;i<N;i++)
    a[i]=i;
  a[1]=0;
  for(i=2;i<sqrt(100);i++)
    for(j=i+1;j<=100;j++)
      {
        if(a[i]!=0 && a[j]!=0)
          if(a[j]%a[i]==0)
            a[j]=0;
      }
  printf("100 以内的素数:\n");
  for(i=2,n=0;i<=100;i++)
```

```
        {
          if(a[i]!=0)
            {
              printf("%5d",a[i]);
                n++;
            }
          if(n==10)
            {
                printf("\n");
                n=0;
            }
        }
    printf("\n");
    return 0;
}
```

运行结果：

100 以内的素数：
  2 3 5 7 11 13 17 19 23 29
  31 37 41 43 47 53 59 61 67 71
  73 79 83 89 97

8. 编写程序如下。

```
#include<stdio.h>
#define N 3
int main()
{
  int i,t,k,a[N];
  printf("1000以内的所有阿姆斯特朗数:\n");
  for(i=2;i<1000;i++)            //穷举要判定数的范围
  {
    for(t=0,k=1000;k>=10;t++)
    {
      a[t]=(i%k)/(k/10);         //截取整数的各位,分别赋予 a[0]~a[2]
      k/=10;
    }
  if(a[0]*a[0]*a[0]+a[1]*a[1]*a[1]+a[2]*a[2]*a[2]==i)
    printf("%d\t",i);
  }
  printf("\n");
  return 0;
}
```

运行结果：

1000 以内的所有阿姆斯特朗数：

153   370   371   407

练习题8 参考答案

一、单项选择题
1. A   2. C   3. A   4. B   5. B

二、填空题
1. if(xyz(i))   i%5==0&&i%3!=0
2. &year,&month,&day   day=day+day_tab[i]
year%4==0 && year%100!=0 || year%400==0

三、程序设计题
1. 编写程序如下。

```
#include<stdio.h>
#include<math.h>
int fun(int n)
{   int k,i,p,j=0;
    k=(int)sqrt(n);
    for(i=11;i<=k;i++)
    {   p=i*i;
        if(p/100==p%10 || p%10==p/10%10 || p/100==p/10%10)
        {   printf("%5d",p);
            j++;
        }
    }
    return j;
}
int main()
{   int n,x;
    printf("Please enter n:");
    scanf("%d",&n);
    x=fun(n);
    printf("\n101~%d 的完全平方数个数为%d\n",n,x);
    return 0;
}
```

运行结果：

Please enter n: 500
121   144   225   400   441   484
101~500 的完全平方数个数为 6

2. 编程思路：
$px(x,n) = x+x^2+x^3+\cdots+x^n = x*(1+x+x^2+x^3+\cdots+x^{n-1}) = x*(1+px(x,n-1))$，当 n=1 时结束递归，返回结果。

编写程序如下。

```c
#include<stdio.h>
double px(double x,int n)
{   if(n==1)
        return x;
    if(n>1)
        return (x*(1+px(x,n-1)));
}
int main()
{   double x;
    int n;
    printf("Please enter x,n:");
    scanf("%lf,%d",&x,&n);
    printf("px=%f\n",px(x,n));
    return 0;
}
```

运行结果：

Please enter x,n: 2.0,4
px=30.000000

3. 编写程序如下。

```c
#include<stdio.h>
int Letter=0,Digit=0,Space=0,Others=0;
int main()
{   void count(char str[]);
    char string[80];
    printf("Please input string:");
    gets(string);
    printf("string:");
    puts(string);
    count(string);
    printf("\nletter:%d\ndigit:%d\n",Letter,Digit);
    printf("space:%d\nothers:%d\n",Space,Others);
    return 0;
}
void count(char str[])
{   int i;
    for(i=0;str[i]!='\0';i++)
        if((str[i]>='a' && str[i]<='z')||(str[i]>='A' && str[i]<='Z'))
            Letter++;
        else if(str[i]>='0' && str[i]<='9')
            Digit++;
        else if(str[i]==' ')
```

```
                Space++;
            else
                Others++;
}
```

运行结果：

Please input string: My address is #256 Meisong Road,Meizhou.
string: My address is #256 Meisong Road,Meizhou.

letter: 29
digit: 3
space: 5
others: 3

练习题 9 参 考 答 案

一、单项选择题
1. A   2. D   3. A   4. C   5. C
二、填空题
1. 6,980
2. 739
3. 12
三、程序设计题
1. 编写程序如下。

```
#include<stdio.h>
#include<string.h>
void SortString(char * p[100], int n)
{   int i, j;
    char * temp=NULL;
    for(i=0; i<n-1; i++)
    { for(j=i+1; j<n; j++)
        { if(strcmp(p[j], p[i])<0)
            { temp=p[j];
              p[j]=p[i];
              p[i]=temp;
            }
        }
    }
}
int main()
{ int i, n, flag;
  char str[100][10],hc[10];
  char * country[100];
```

```
        printf("请输入参赛国家的数量:");
        scanf("%d", &n);
        printf("请输入参赛国家的名字:\n");
        for(i=0; i<n; i++)
        {   scanf("%s",str[i]);              //将国家名存放到二维数组中
            country[i]=str[i];               //指针指向二维数组
            if(strcmp(country[i],"Greece")==0) flag=1;
        }
        printf("请输入主办国家的名字:\n");
         scanf("%s",hc);
        SortString(country, n);              //字符串按字典顺序排序
        printf("这些国家的出场顺序是:\n");
        if(flag==1) printf("Greece\n");
        for(i=0; i<n; i++)
            if((strcmp(hc,country[i])!=0)&&(strcmp(country[i],"Greece")!=0))
                printf("%s\n",country[i]);   //输出排序后的 n 个字符串
        printf("%s\n",hc);
        return 0;
    }
```

运行结果:

请输入参赛国家的数量: 6
请输入参赛国家的名字:
Russia
France
China
USA
Greece
Germany
请输入主办国家的名字:
China
这些国家的出场顺序是:
Greece
France
Germany
Russia
USA
China

2. 编写程序如下。

```
#include<stdio.h>
int main()
{   void input(int * p, int n);         //定义 input()函数来录入 n 个整数
    void deal(int * p, int n);          //定义 deal()函数来处理 n 个整数的互换
    void output(int * p, int n);        //定义 output()函数来输出 n 个整数
```

```
  int a[10], * p,n=10;
  p=a;
  input(p,n);
  deal(p,n);
  output(p,n);
  return 0;
}
void input(int * p, int n)
{ int i;
  printf("请输入 10 个整数:\n");
  for(i=0;i<n;i++)
  scanf("%d",p++);
}
void output(int * p, int n)
{ int i;
  printf("请输出 10 个整数:\n");
  for(i=0;i<n;i++)
  printf("%d ", * (p++));
}
void deal(int * p, int n)
{ int temp, * min, * max, * b,i;
  b=p;
  min=max=b;                          //使 max 和 min 都指向 b[0]
  for(i=0;i<n;i++)
  { if( * min> * (b+i))
    min=b+i;                          //将最小数地址赋给 min
  }
  temp= * p;
  * p= * min;
  * min=temp;                         //将最小数与第一个数互换
  for(i=0;i<n;i++)
  { if( * max< * (b+i))
    max=b+i;                          //将最大数地址赋给 max
  }
  temp= * (p+n-1);
  * (p+n-1) = * max;
  * max=temp;                         //将最大数与最后一个数互换
}
```

运行结果：

请输入 10 个整数：
654 123 56 32 789 13 48 91 213 10
请输出 10 个整数：
10 123 56 32 654 13 48 91 213 789

3. 编写程序如下。

```c
#include<stdio.h>
#include<stdlib.h>
#define MAXLEN 100
void Func1(int *A,int nSize)
//算法1：找出全部非0的数，然后直接放在数组前面，后面补0
{ int i,j,count=0;
  int *ptr,*p1;
  p1=(int *)malloc(sizeof(int)*nSize);   //函数分配一块可保存整型变量nSize的空间
  ptr=A;
  for(i=0;i<nSize;i++)
  {   if(*(ptr+i)!=0)
      { *(p1+count)=*(ptr+i);          //指针p1指向的空间存放数组A中所有的非0的元素
         count++;
      }
  }
  for(j=count;j<nSize;j++)
     *(p1+j)=0;                        //在数组非0元素的后面补0
  for(i=0;i<nSize;i++)
     *(A+i)=*(p1+i);
  free(p1);
}
void Func2(int *A,int nSize)           //算法2：把非0的数和0互换
{ int i,t=1;
  for(i=0;i<nSize-1;i++)
  {  if(A[i]==0&&A[i+1]!=0)
     { *(A+i+1-t)=*(A+i+1);            //把数组中非0的元素与是0的元素互换
        *(A+i+1)=0;
     }
     else if(A[i]==0&&A[i+1]==0)
        t++;
  }
}
int main()
{ int A[MAXLEN],n,i,flag0;
  printf("请输入数组A(n)的长度:");
  scanf("%d",&n);
  printf("请输入 %d 个数字:",n);
  for(i=0;i<n;i++)
     scanf("%d",&A[i]);
  Func1(A,n);                //可选择调用Func1()或者Func2()函数中的两种算法之一处理
  printf("排序后的数字是:");
  for(i=0;i<n;i++)
     printf("%d ",A[i]);
  printf("\n");
  return 0;
}
```

运行结果：

请输入数组 A(n) 的长度：10
请输入 10 个数字：23 0 51 0 9 48 0 27 0 11
排序后的数字是：23 51 9 48 27 11 0 0 0 0

4. 编写程序如下。

```
#include<stdio.h>
#include<stdlib.h>
int main()
{   int palindrome;
    char a[100],*p,*q;
    p=a;
    printf("输入一条消息:");
    for(p=a;p<a+100;p++)        //指针 p 指向数组 a 的首址,每取得一字符后,指针自加 1
    { scanf("%c",p);
      if(*p=='\n')              //指针 p 指向的数组元素为换行符时退出循环
      break;
    }
    for(q=a,p=p-1;q<=p;)        //指针 p 指向数组 a 的首址
    if(*q>='A'&&(*q<='Z')||*q>='a'&&(*q<='z'))
        if(*p>='A'&&(*p<='Z')||*p>='a'&&(*p<='z'))
            if(*q-*p==0||*q-*p==32||*q-*p==-32)
                {palindrome=1;q++;p--;}
            else
                {palindrome=0;break;}
        else
            p--;
    else q++;
    if(palindrome)
        printf("是回文\n");
    else
        printf("不是回文\n");
    return 0;
}
```

运行结果：

输入一条消息：He lived as a devil, eh?
是回文

练习题 10 参 考 答 案

一、单项选择题

1. C   2. D   3. D   4. B   5. A

二、写出程序的运行结果

1. 255.00
2. 3,2

三、程序设计题

1. 编程思路：本题的难点是把姓名按照英文字典中字母的先后顺序排序，排序时采用选择法进行，在进行姓名的比较时，注意用字符串函数 strcmp()。为方便运行，本题定义两个用户。

编写程序如下。

```
#include<stdio.h>
#include<string.h>
#define N 2
struct User
{ char name[20];           //姓名
  char num[15];            //电话号码
};

int main()
{ struct User user[N],temp;
  int i,j,k;
  printf("请输入%3d 名用户的姓名和电话号码:\n",N);
  for(i=0;i<N;i++)         //输入姓名和电话号码
  { gets(user[i].name);
    gets(user[i].num);
  }

  for(i=0;i<N-1;i++)       //根据姓名,用选择法进行排序
  { k=i;
    for(j=i+1;j<N;j++)
      if(strcmp(user[k].name,user[j].name)>0) k=j;
    if(i!=k)
      {temp=user[k];user[k]=user[i];user[i]=temp;}
  }

  printf("\n这%3d 名用户的姓名和电话号码如下:\n",N);
  printf("姓名 电话号码\n");
  for(i=0;i<N;i++)         //输出姓名和电话号码
    printf("%s%14s\n",user[i].name,user[i].num);
  return 0;
}
```

运行结果：

请输入 2 名用户的姓名和电话号码：
陈有龙

```
               2335678
        徐新佳
               8775623
```

这 2 名用户的姓名和电话号码如下：
姓名　　　　电话号码
陈有龙　　　2335678
徐新佳　　　8775623

2. 编程思路：输入两个复数后，需要进行相加、相乘，这就需要传递两个复数的值，此问题有两种方法实现：一种是设计的函数使用返回值，类型为结构体；另一种函数的参数用结构体指针变量，函数不带返回值。

方法一：设计的函数使用返回值，类型为结构体。
编写程序如下。

```
#include<stdio.h>
typedef struct
{   int rp;                                 //实数
    int ip;                                 //虚数
}COMPLEX;
COMPLEX input()                             //输入一个复数
{   COMPLEX x;
    printf("请输入复数的实数部分和虚数部分:");
    scanf("%d%d",&x.rp,&x.ip);
    return x;
}
void output(COMPLEX x)                      //输出一个复数
{   printf("%d+%d i",x.rp,x.ip); }
COMPLEX sum_complex(COMPLEX x,COMPLEX y)    //计算两个复数的和,实、虚部分别相加
{   COMPLEX sum;
    sum.rp=x.rp+y.rp;
    sum.ip=x.ip+y.ip;
    return sum;
}
COMPLEX product_complex(COMPLEX x,COMPLEX y) //计算两个复数的积
{   COMPLEX product;
    product.rp=x.rp*y.rp-x.ip*y.ip;
    product.ip=x.rp*y.ip+x.ip*y.rp;
    return product;
}
int main()
{   COMPLEX x,y,sum,product;
    x=input();                              //输入一个复数 x
    y=input();                              //输入另一个复数 y
    printf("\nx=");output(x);               //输出 x
```

```
            printf("\ny=");output(y);                    //输出 y
            sum=sum_complex(x,y);
            printf("\nx+y=");output(sum);                //输出 x+y
            product=product_complex(x,y);
            printf("\nx*y=");output(product);            //输出 x*y
            printf("\n");
            return 0;
        }
```

运行结果：

请输入复数的实数部分和虚数部分：3 2
请输入复数的实数部分和虚数部分：4 5

x=3+2i
y=4+5i
x+y=7+7i
x*y=2+23i

方法二：使用不带返回值的函数。
编写程序如下。

```
#include<stdio.h>
typedef struct
{ int rp;                                    //实数
  int ip;                                    //虚数
}COMPLEX;
void input(COMPLEX *x)                       //输入一个复数
{ printf("请输入复数的实数部分和虚数部分:");
    scanf("%d%d",&(x->rp),&(x->ip));
}
void output(COMPLEX *x)                      //输出一个复数
{   printf("%d+%di",x->rp,x->ip); }
void sum_complex(COMPLEX *x,COMPLEX *y,COMPLEX *sum)
                                             //计算两个复数的和,实、虚部分别相加
{   sum->rp=x->rp+y->rp;
    sum->ip=x->ip+y->ip;
}
void product_complex(COMPLEX *x,COMPLEX *y,COMPLEX *product)
                                             //计算两个复数的积
{   product->rp=x->rp*y->rp-x->ip*y->ip;
    product->ip=x->rp*y->ip+x->ip*y->rp;
}
int main()
{   COMPLEX x,y,sum,product;
    input(&x);                               //输入一个复数 x
    input(&y);                               //输入另一个复数 y
```

```
    printf("\nx=");output(&x);              //输出 x
    printf("\ny=");output(&y);              //输出 y
    sum_complex(&x,&y,&sum);
    printf("\nx+y=");output(&sum);          //输出 x+y
    product_complex(&x,&y,&product);
    printf("\nx * y=");output(&product);    //输出 x * y
    printf("\n");
    return 0;
}
```

运行结果：

请输入复数的实数部分和虚数部分：3 2
请输入复数的实数部分和虚数部分：4 5

x=3+2i
y=4+5i
x+y=7+7i
x * y=2+23i

3. 编程思路：本题要解决如下问题。

(1) 涉及年的天数问题，要考虑是平年还是闰年，判断闰年的条件是：① 年份能被 4 整除，但不能被 100 整除；②能被 400 整除。在此用函数 int isleap (int year)完成此功能。

(2) 本题的难点是某年元日是星期几的计算。公元计年从 1 年 1 月 1 日开始，这天是星期一。平年一年有 365 天，365 除 7 取余数为 1。也就是说平年的星期几等于上一年的星期几加 1；闰年的星期几等于上一年的星期几加 2。

编写程序如下。

```
#include<stdio.h>
struct
{ int year,month,day;
}date;

int isleap (int year)           //判断是闰年还是平年
{ int leap=0;
  if(year%4==0 && year%100!=0 || year%400==0)
    leap=1;
  return leap;
}
int week(int year)
{ int i,j;
  i=((year-1)+(year-1)/4-(year-1)/100+(year-1)/400)%7;
  j=(1+i)%7;
  return j;
}
```

```c
int main()
{ int weekday,i,daylen;
  printf("请输入年份:");
  scanf("%d",&date.year);
  if(isleap(date.year)==0)
    printf("%d 年是平年!\n",date.year);
  else
    printf("%d 年是闰年!\n",date.year);
  weekday=week(date.year);                              //获得该年元旦是星期几
  printf("%d 元旦是星期 %d!\n",date.year,weekday);
  for(date.month=1;date.month<=12;date.month++)         //循环输出 12 个月的日历
  { printf("\n\t\t    %d 年 %d 月",date.year,date.month);
    printf("\n--------------------------------------------");
    printf("\nSUN\tMON\tTUE\tWED\tTHU\tFRI\tSAT");
    printf("\n 日\t 一\t 二\t 三\t 四\t 五\t 六");
    printf("\n--------------------------------------------\n");
    for(i=0;i<weekday;i++)
      printf("\t");                                     //打印(星期几减 1 个)空位置
    if(date.month==4||date.month==6||date.month==9||date.month==11)
    //判断该月有多少天
      daylen=30;
    else if(date.month==2)
    { if(isleap(date.year)) daylen=29;
        else daylen=28;
    }
      else   daylen=31;
    for(date.day=1;date.day<=daylen;date.day++)
    { printf("%d\t",date.day);
      weekday++;
      if(weekday==7)                                    //超过一周换行打印
      { weekday=0;
        printf("\n");
      }
    }
  }
  printf("\n--------------------------------------------\n");
  }
  return 0;
}
```

部分运行结果显示如下：

请输入年份:2022
2022 年是平年!
2022 元旦是星期六!

2022 年 1 月

SUN 日	MON 一	TUE 二	WED 三	THU 四	FRI 五	SAT 六
						1
2	3	4	5	6	7	8
9	10	11	12	13	14	15
16	17	18	19	20	21	22
23	24	25	26	27	28	29

2013 年 2 月

SUN 日	MON 一	TUE 二	WED 三	THU 四	FRI 五	SAT 六
		1	2	3	4	5
6	7	8	9	10	11	12
13	14	15	16	17	18	19
20	21	22	23	24	25	26
27	28					

4. 流程图如图 9.2 所示。

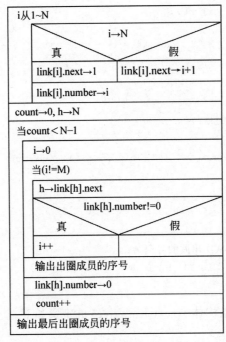

图 9.2　报数出圈流程图

编写程序如下。

```c
#include<stdio.h>
#define N 13
#define M 3
struct Person
{ int number;
  int next;
}link[N+1];

int main()
{ int i,count,h;
  for(i=1;i<=N;i++)
  { if(i==N)    link[i].next=1;
    else        link[i].next=i+1;
    link[i].number=i;
  }
  count=0;
  h=N;
  printf("%d 人当中报到%d 的出圈,依次出圈的号码为:\n",N,M);
  while(count<N-1)
  { i=0;
    while(i!=M)
    { h=link[h].next;
      if(link[h].number) i++;
    }
    printf("%-4d",link[h].number);
    link[h].number=0;
    count++;
  }
  printf("\n 最后出圈的是:");
  for(i=1;i<=N;i++)
   if(link[i].number)   printf("%-3d\n",link[i].number);
  return 0;
}
```

运行结果:

13 人当中报到 3 的出圈,依次出圈的号码为:
3   6   9   12 2   7   11 4   10 5   1   8
最后出圈的是: 13

5. 编程思路:本题的结构体 struct Employee 的定义如下。

```c
struct Employee
{ char name[10];
  float salary;
```

    struct Employee * next;
};

(1) 建立链表的操作与主教材 10.2.3 节中介绍的相似,当输入的姓名和工资均为 0 时,结束链表的建立。

编写程序如下。

```
struct Employee * creat()
{ struct Employee * head;
  struct Employee * q, * p;
  head=( struct Employee * ) malloc(LEN);
  p=head;
  while(1)              //因为人数不明确,所以用 while 循环
  {
    q=(struct Employee * )malloc(LEN);
    scanf("%s%f",&q->name,&q->salary);
    if(q->salary!=0)
    { p->next=q;
      p=q;
    }
     else break;         //输入值为 0 时跳出循环,结束链表的建立
  }
  p->next=NULL;
  return (head);
}
```

(2) 统计共输入多少位员工的信息,也就是统计链表节点的个数。此功能与输出链表相似,只是 printf 语句改为计数器的自增,其流程图如图 9.3 所示。

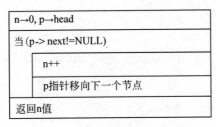

图 9.3 统计节点个数的流程图

编写程序如下。

```
int count(struct Employee * head)
{ int n=0;
  struct Employee * p;
  p=head;
  while(p->next!=NULL)   //当不是空节点
  { n++;
    p=p->next;           //p 指向下一个节点
```

　　　　}
　　　　return n;
　　};

(3) 求出最高工资员工的姓名和工资。此功能与在数组中求最大值的方法一样,只是用指针"记住"最大值的节点,其流程图如图 9.4 所示。

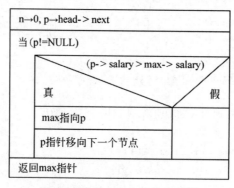

图 9.4　求最大节点值的流程图

编写程序如下。

```
struct Employee * max_salary(struct Employee * head)
{ struct Employee * p=head->next;
  struct Employee * max=p;
  while(p!=NULL)
  { if(p->salary>max->salary)
   max=p;            //如果后面节点的工资大于max所指的节点的工资,则max指针重新指向
    p=p->next;
  }
  return (max);
}
```

(4) 输出链表的操作在主教材 10.2.4 节已详细讲解,此处不再赘述。

编写程序如下。

```
void print(struct Employee * head)
{ struct Employee * p;
  p=head->next;
  while(p!=NULL)           //当不是空表
  {
    printf("姓名:%8s,工资:%5.2f\n",p->name,p->salary);
    //输出当前节点中的姓名和工资
    p=p->next;             //p指向下一个节点
  };
}
```

(5) 综合以上分析，编写的 main()函数程序如下。

```
int main()
{ struct Employee * head, * max_sal;
  printf("请输入员工的姓名和工资,当输入姓名和工资为0时结束"建立"操作:\n");
  head=creat();
  printf("链表中有 %d 条记录！\n",count(head));
  printf("\n 所创建的链表是:\n");
  print (head);
  max_sal=max_salary(head);
  printf("\n 工资最高的员工是：%s,工资是:%.2f\n",max_sal->name,max_sal->salary);
  return 0;
}
```

运行结果：

请输入员工的姓名和工资,当输入姓名和工资为0时结束"建立"操作：
吴昊　　8500.56
黄英明　9545.66
米乐　　4525.88
0 0
链表中有 3 条记录！

所创建的链表是：
姓名：　吴昊,工资：8500.56
姓名：黄英明,工资：9545.66
姓名：　米乐,工资：4525.88

工资最高的员工是：黄英明,工资是：9545.66

练习题 11　参考答案

一、单项选择题
1. B　　2. A　　3. C　　4. B　　5. D

二、分析程序的运行结果
1. x=327680
   y1=5
   y2=327685
2. a_bit：2
   b_bit：1
   c_bit：0

三、程序设计题
1. 编程思路：因为输出二进制位是从高位开始输出,因此要从高位开始依次取出该数,方法是把该数的每位与－2147483648（即最高位为1,其余位为0）进行 & 运算,循环

32 次。

编写程序如下。

```
#include<stdio.h>
int main()
{ int num,mask,i;
  printf("请输入一个整数: ");
  scanf("%d",&num);
  mask=1<<31;              //获得-2147483648,即最高位为1,其余位为0
  printf("%d= ",num);
  for(i=1;i<=32;i++)
  { putchar(num&mask? '1':'0');  //因为要取num的最高位,所以与mask进行&运算
    num<<=1;                     //取num的下一位
    if(i%4==0) putchar(',');
  }
  printf("\bB\n");
  return 0;
}
```

运行结果:

请输入一个整数: -5
-5=1111,1111,1111,1111,1111,1111,1111,1011B

2. 编写程序如下。

```
#include<stdio.h>
int main()
{ unsigned short getbits(unsigned short value);
  unsigned short num;
  printf("请输入一个十进制数:");
  scanf("%d",&num);
  printf("数 %d 的奇数位的结果是: ",num);
  printf(" %d\n",getbits(num));
  return 0;
}
unsigned short getbits(unsigned short value)
{ unsigned short data,a,odd;
  int i,j;
  data=0;
  for(i=1;i<=15;i+=2)
  { odd=1;
    for(j=1;j<=(16-i-1)/2;j++)
    odd=odd*2;
    a=value>>(16-i);
    a=a<<15;
    a=a>15;
```

```
        data=data+a*odd;
    }
    return(data);
}
```

运行结果：

请输入一个十进制数：13579
数 13579 的奇数位的结果是：67

运行结果说明：十进制数 13579 的二进制形式为 0011010100001011，奇数位为 0 1000011，奇数位的十进制数表示为 67。

练习题 12　参 考 答 案

一、单项选择题
1. C　　2. B　　3. D　　4. C　　5. B

二、填空题
1. fgetc(fp)
2. ch=fgetc(fp)

三、程序设计题
1. 编写程序如下。

```
#include<stdio.h>
#include<stdlib.h>
int main()
{
    FILE * fp=NULL;
    int i=0,sum=0;
    fp=fopen("d:\\example\\dfile.dat","wb");
    if(fp==NULL)
        { printf("文件打开错误!\n");
          exit(0);
        }
    for(i=1;i<1000;i++)
    if(i%3==0||i%7==0) { fprintf(fp,"%4d",i);sum++; }
    printf("共有%d个数据写到dfile.dat文件。\n",sum);
    fclose(fp);
    return 0;
}
```

运行结果：

共有 428 个数据写到 dfile.dat 文件。

说明：运行程序前，先在 d 盘创建好 example 目录。

2. 编写程序如下。

```c
#include<stdio.h>
#include<stdlib.h>
int main()
{
FILE * fp=NULL;
  int i=0,even=0;
    fp=fopen("d:\\example\\dfile.dat","rb");
    if(fp==NULL)
      {  printf("文件打开错误!\n");
         exit(0);
      }
    while(feof(fp)==0)
    {  fscanf(fp,"%4d",&i);
       if(i%2==0) even++;
    }
  printf("偶数个数=%d\n",even);
  fclose(fp);
  return 0;
}
```

运行结果：

偶数个数=214

3. 编写程序如下。

```c
#include<stdio.h>
#include<stdlib.h>
int main()
{
  FILE * fp1, * fp2;
  char ch;
  fp1=fopen("d:\\example\\date1.txt","r");
  fp2=fopen("d:\\example\\date2.txt","w");
  if(fp1==NULL)
  {  printf("date1.txt 文件打开错误!\n");
     exit(0);
  }
  if(fp2==NULL)
    {
    printf("date2.txt 文件打开错误!\n");
      exit(0);
    }
  while(!feof(fp1)) fputc(fgetc(fp1),fp2);
  printf("date1.txt 已复制到 date2.txt!\n");
```

```
        fclose(fp1);
        fclose(fp2);
        return 0;
}
```

运行结果：

date1.txt 已复制到 date2.txt!

说明：运行程序前，先在 d 盘创建一个 example 目录，然后打开记事本，输入"C programming language."，再用 date1.txt 文件名保存到 example 目录中。

4. 编写程序如下。

```
#include<stdio.h>
#include<stdlib.h>
int main()
{
   FILE *in1,*in2,*out;
   int i,j,n;
   char q[10],t;
   if((in1=fopen("d:\\example\\dfile1.txt","r"))==NULL)
   {  printf("dfile1.txt 文件打开错误!\n");
       exit(0);
   }
   if((in2=fopen("d:\\example\\dfile2.txt","r"))==NULL)
     {  printf("file2.txt 文件打开错误!\n");
        exit(0);
     }
     if((out=fopen("d:\\example\\dfile3.txt","w"))==NULL)
     {  printf("dfile3.txt 文件打开错误!\n");
        exit(0);
     }
   i=0;
   while(!feof(in1))
    {q[i]=fgetc(in1);i++;}
   i--;
   while(!feof(in2))
   { q[i]=fgetc(in2);i++;}
   i--;
   q[i]='\0';
   n=i;
   for(i=0;i<n-1;i++)
   for(j=i;j<n;j++)
   if(q[i]>q[j])
        {t=q[i];q[i]=q[j];q[j]=t;}
     printf("两文件合并后为: %s\n",q);
     for(i=0;q[i]!='\0';i++)
```

```
        fputc(q[i],out);
        fclose(in1);
        fclose(in2);
        fclose(out);
        return 0;
    }
```

运行结果：

两文件合并后为：bgilory

说明：运行程序前，先在 d 盘的 example 目录下创建好 dfile1.txt 和 dfile2.txt 文件，其中 dfile1.txt 文件中存放 gril，dfile2.txt 文件中存放 boy。

5. 编写程序如下。

```c
#include<stdio.h>
#include<stdlib.h>
int main()
{
char str[80];
int i,m,n;
FILE *fp1,*fp2;
if((fp1=fopen("d:\\example\\str.txt","a+"))==NULL)
   {
       printf("文件打开错误!\n");
       exit(0);
   }
if((fp2=fopen("d:\\example\\val.txt","r"))==NULL)
{
    printf("文件打开错误!\n");
    exit(0);
}
fscanf(fp1,"%s",str);
fscanf(fp2,"%d %d",&m,&n);
for(i=m;i<m+n;i++)
     fputc(str[i-1],fp1);
rewind(fp1);
fscanf(fp1,"%s",str);
printf("str.txt 文件中的内容是: %s\n",str);
fclose(fp2);
fclose(fp1);
return 0;
}
```

运行结果：

str.txt 文件中的内容是：exampleam

说明：运行程序前，先在 d 盘的 example 目录下创建好 str.txt 和 val.txt 文件，其中 str.txt 文件中存放 example 字符串，val.txt 文件中存放整数 3 和 2。

6. 编写程序如下。

```c
#include<stdio.h>
#include<stdlib.h>
int main()
{
  FILE *fp1,*fp2;
  int row1=1,col1=1,row2=1,col2=1;
  char ch1,ch2;
  fp1=fopen("d:\\example\\dfile1.txt","r");
  fp2=fopen("d:\\example\\dfile2.txt","r");
  if(fp1==NULL||fp2==NULL)
    { printf("文件打开错误!\n");
      exit(0);
    }
  ch1=fgetc(fp1);
  ch2=fgetc(fp2);
  while(ch1!=EOF && ch2!=EOF&&ch1==ch2)
    { if(ch1=='\n')
        { row1++;
          col1=0;
        }
      if(ch2=='\n')
        {
          row2++;
          col2=0;
        }
      ch1=fgetc(fp1);
      ch2=fgetc(fp2);
      col1++;
      col2++;
    }
  if(ch1!=ch2) printf("找到不同起始位置:行%d,列%d\n",row1,col1);
  else printf("两个文件的内容完全相同!\n");
  fclose(fp1);
  fclose(fp2);
  return 0;
}
```

运行结果：

两个文件的内容完全相同!

说明：运行程序前，先在 d 盘的 example 目录下创建好 dfile1.txt 和 dfile2.txt 文件，其中 dfile1.txt 文件中存放"c programming language."字符串,dfile2.txt 文件中也存放"c program ming language."字符串。

7. 编写程序如下。

```
#include<stdio.h>
#include<stdlib.h>
int main()
{
  FILE *fp1,*fp2;
  char ch1,ch2;
  int flag=0;
  fp1=fopen("d:\\example\\file1.c","r");
  fp2=fopen("d:\\example\\file2.c","w+");
  if(fp1==NULL||fp2==NULL)
   { printf("文件打开错误!\n");
     exit(0);
   }
  while(!feof(fp1))
   { ch1=fgetc(fp1);
     if(ch1=='/'&&flag==0)
      { ch2=fgetc(fp1);
        if(ch2=='*') flag=1;
        else
          { fputc(ch1,fp2);
            fputc(ch2,fp2);
          }
      }
     if(flag==0) fputc(ch1,fp2);
     else
      { if(ch1=='*')
        { ch2=fgetc(fp1);
          if(ch2=='/') flag=0;
        }
      }
   }
  printf("file1.c 中的注释已去掉,并存入 file1.c 中.\n");
  fclose(fp1);
  fclose(fp2);
  return 0;
}
```

运行结果:

file1.c 中的注释已去掉,并存入 file1.c 中.

说明:运行程序前,先在 d 盘的 example 目录下创建好 file1.c 文件,file1.c 文件内容如下：

```
#include<stdio.h>
int main()                              /* 主函数 */
{
  printf("This is a C program!\n");    /* 在屏幕上显示 This is a C program! */
  return 0;
}
```

8. 编写程序如下。

```
#include<stdio.h>
#include<stdlib.h>
structstudent
{ int num;
  char name[10];
  float score[4];
};
int main()
{
  structstudentstud;
  FILE * fp;
  int i,recno;
  long offset;
  if((fp=fopen("d:\\example\\testsc.dat","rb"))==NULL)
    {
      printf("testsc.dat 文件打开错误!");
      exit(0);
    }
  printf("请输入一个任意指定的记录: ");
  scanf("%d",&recno);
  offset=(recno-1) * sizeof(stud);
  if(fseek(fp,offset,0)!=0)
    {
      printf("cannot move pointer there.");
      exit(0);
    }
  fread(&stud,sizeof(stud),1,fp);
  printf("%d %s ",stud.num,stud.name);
  for(i=0;i<4;i++)
    printf("%d ",stud.score[i]);
  printf("\n");
  fclose(fp);
  return 0;
}
```

运行结果：

请输入一个任意指定的记录：2 ✓
201306   liuyang   81   76   85   90

说明：运行程序前，先在 d 盘的 example 目录下创建好 testsc.dat 文件，文件内容如下：

```
201302    lijiang    72    68    81    85
201306    liuyang    81    76    85    90
201304    linbing    85    70    82    63
201305    wufeng     68    72    79    80
201301    xiewu      81    85    91    86
201303    caichen    82    78    69    76
```

第四部分　考试模拟题及参考答案

　　为了考核所学知识,在此安排了两套考试模拟题,每套考试模拟题的作答时间是120分钟,题型有单项选择题、填空题、判断题、阅读程序题、程序设计题等,从多方位考核所学知识。

第 10 章 考试模拟题 1 及参考答案

考试模拟题 1

一、单项选择题(共 20 题,每题 1 分,共 20 分)

1. 以下叙述中不正确的是(　　)。
   A. 一个 C 语言程序可由一个或多个函数组成
   B. 在 C 语言程序中的注释说明只能位于一条语句的后面
   C. C 语言程序的基本组成单位是函数
   D. 一个 C 语言程序必须包含一个 main() 函数

2. 若变量已正确定义并赋值,表达式(　　)不符合 C 语言语法。
   A. 3%2.0　　　　B. a*b/c　　　　C. 2,b　　　　D. a/b/c

3. 在 32 位 CPU 中,5 种基本数据类型的长度排列正确的是(　　)。
   A. char<int=long=float<double
   B. char=int=long=float<double
   C. char<int=long<float<double
   D. char<int=long=float=double

4. 下面程序段的运行结果是(　　)。

char a[7]="abcdef",b[4]="ABC";
strcpy(a,b);
printf("%c",a[5]);

   A. 空格　　　　B. \0　　　　C. e　　　　D. f

5. 设"int a=9,b=8,c=7,x=1;",则执行语句"if(a>7)if(b>8)if(c>9)x=2;else x=3;"后 x 的值是(　　)。
   A. 2　　　　B. 1　　　　C. 0　　　　D. 3

6. 对以下程序,当输入数据的形式为"12a345b789✓"时,正确的输出结果是(　　)。

int main()
{ char c1,c2;int a1,a2;
    c1=getchar();   scanf("%2d",&a1);
    c2=getchar();   scanf("%3d",&a2);
    printf("%d,%d,%c,%c\n",a1,a2,c1,c2);
    return 0;
}

A. 12,345,a,b　　　B. 2,345,1,a　　　C. 2a,45b,1,3　　　D. 2,789,1,a

7. 以下程序的输出结果是（　　）。

```
int main()
{
    char st[20]="hello\0\t\\\ ";
    printf("%d  %d\n",strlen(st),sizeof(st));
    return 0;
}
```

A. 9　9　　　B. 5　20　　　C. 13　20　　　D. 20　20

8. 若已定义"int a[9],*p=a;"，并在以后的语句中未改变 p 的值,则不能表示 a[1]地址的表达式是（　　）。

A. a++　　　B. a+1　　　C. p+1　　　D. ++p

9. 凡是函数中未指定存储类别的局部变量,其隐含的存储类别为（　　）。

A. 外部　　　B. 静态　　　C. 自动　　　D. 寄存器

10. 以下能对二维数组 a 进行正确初始化的语句是（　　）。

A. int a[2][]={{1,0,1},{5,2,3}};

B. int a[][3]={{1,2,3},{4,5,6}};

C. int a[2][4]={{1,2,3},{4,5},{6}};

D. int a[][3]={{1,0,1},{ },{1,1}};

11. 函数 fopen()的返回值不能是（　　）。

A. NULL　　　B. 0　　　C. 1　　　D. 某个内存地址

12. 若定义结构体"structSt{int no;char name[15];float score;}s1;",则结构体变量 s1 所占的内存空间为（　　）。

A. 15

B. sizeof(s1)

C. sizeof(int)+sizeof(char[15])+sizeof(float)

D. 19

13. 若有以下宏定义：

#define N 3
#define Y(n) ((N+1)*n)

则执行语句"z=2*(N+Y(5));"后,z 的结果是（　　）。

A. 语法错误　　　B. 46　　　C. 66　　　D. 无定值

14. 已知 a 为整型变量,那么与表达式"a!=0"真假值情况不相同的表达式有（　　）。

A. a>0||a<0　　　B. a　　　C. !a==0　　　D. !a

15. 下述程序代码中有语法错误的行是（　　）。

```
int i,ia[10],ib[10];        /*第一行*/
for(i=0;i<=9;i++)           /*第二行*/
  ia[i]=0;                  /*第三行*/
```

```
ib=ia;                /* 第四行 */
```

  A. 第一行   B. 第二行   C. 第三行   D. 第四行

16. 以下程序段的循环次数是( )次。

```
int i=1,j=0;
while(i+j<=10)
{ if(i>j)
    j=j+2;
  else i=i+2;
}
```

  A. 5   B. 6   C. 0   D. 4

17. 已知函数 ss() 的定义如下：

```
void ss(char *s,char *t)
{ while(*s++=*t++);}
```

则该函数的功能是( )。

  A. 串复制 B. 求串长度 C. 串比较 D. 串反向

18. 对两个数组 a 和 b 进行如下初始化：

```
char a[]="ABCDEF";
char b[]={'A','B','C','D','E','F'};
```

则以下叙述正确的是( )。

  A. a 和 b 数组完全相同   B. a 和 b 长度相同

  C. a 和 b 中都存放字符串   D. a 数组比 b 数组长度长

19. 若二维数组 a 有 m 列，则在 a[i][j] 前的元素个数为( )。

  A. j*m+i B. i*m+j C. i*m+j−1 D. i*m+j+1

20. 设有如下定义：

```
static int a[4]={1,2,3},i;
i=a[0]*a[1]+a[2]*a[3];
```

则 i 的值为( )。

  A. 5   B. 2   C. 3   D. 以上都不对

二、填空题（每空 2 分，共 20 分）

1. 能够构成数组的各个元素必须具有相同的_____。

2. C 语言中用_____表示逻辑值"真"。

3. 使用 C 语言描述关系表达式 a≤x<b，正确的描述是_____。

4. 设 ch 是字符型变量，判断 ch 为英文字母的表达式是_____。

5. 与语句"if (x>y) m=y; else m=x;"等效的表达式语句是_____。

6. for(;;)语句相当于_____。

7. 用 typedef 定义一个含 10 个元素的整型数组 ARR 为_____。

8. 设有定义语句"static int a[3][4]={{1},{2},{3}}"，则 a[1][1]值为_____。

9. 变量的指针,其含义是指该变量的_____。

10. C语言源程序文件经过编译后生成文件的扩展名是.obj,经过连接后生成文件的扩展名是_____。

三、阅读程序题(共 35 分)

1. (2 分)下面程序的运行结果是_____。

```c
#include<stdio.h>
int main()
{ int a[5]={10,20,30,40,50}, *pa=&a[4];
  *--pa;
  printf("%d", *pa);
  return 0;
}
```

2. (3 分)下面程序的运行结果是_____。

```c
#include<stdio.h>
int main()
{ int x=0,y=2,z=3;
  switch(x)
  { case 0: printf("%d",y==2);
    case 1: printf("*"); break;
    case 2: printf("%");break;
  }
  switch(z)
  { case 1: printf("&");
    case 2: printf("*");break;
    default : printf("#");
  }
  return 0;
}
```

3. (4 分)下面程序的运行结果是_____。

```c
#include<stdio.h>
struct HAR{char x,y; struct HAR *p;}h[2];
int main()
{ h[0].x='a';h[0].y='b';
  h[1].x='c';h[1].y='d';
  h[0].p=&h[1];h[1].p=h;
  printf("%c,%c,",(h[0].p)->x,(h[1].p)->x);
  printf("%d,%d\n",(h[0].p)->y,(h[1].p)->y);
  return 0;
}
```

4. (6 分)完善下面程序,其功能是输入两个正整数 m 和 n,求其最大公约数和最小公倍数。

```
#include<stdio.h>
int main()
{ int p,r,n,m,temp;
  printf("请输入两个正整数n,m:");
  scanf("%d,%d,",&n,&m);
    if(n<m)
     {
       temp=n;
       n=m;
       m=temp;
     }
   p=n*m;
   while(_____)
    { r=_____;
      n=m;
      m=r;
    }
   printf("它们的最大公约数为:%d\n",n);
   printf("它们的最小公倍数为:%d\n",_____);
   return 0;
}
```

5. (4分)完善下面程序,其功能是将字符串s中所有的字母x删除。

```
#include<stdio.h>
int main()
{ char s[80];
  int i,j;
  printf("请输入字符串: ");
  gets(s);
  for(i=j=0;s[i]!='\0';i++)
   if(_____)
    { s[j]=s[i];
      j++;
    }
   s[j]=_____;
   puts(s);
   return 0;
}
```

6. (6分)完善下面程序,其功能是打印图案 `  *  ` 。
`       *** `
`      *****`

```
#include<stdio.h>
int main()
{ int i,j,k;
  for(_____)
```

```
    { for(j=0;_____;j++)
        printf(" ");
        for(k=0;k<=2*i;k++)
        printf("*");
        printf("_____");
    }
    return 0;
}
```

7.(6分)完善下面程序,其功能是输出所有的"水仙花数"。"水仙花数"是指一个3位数,其各位数字立方和等于该数本身。例如,153是一个"水仙花数",因为 $153=1^3+5^3+3^3$。

```
#include<stdio.h>
int main()
{ int i,j,k,n;
    printf("水仙花数是: ");
    for(n=100;_____;n++)
    { i=n/100;
        j=_____;
        k=n%10;
        if(_____)
        printf("%d ",n);
    }
    printf("\n");
    return 0;
}
```

8.(4分)完善下面程序,其功能是计算 n! 的值。

```
#include<stdio.h>
int main()
{   int i,s,n;
    s=1;
    printf("enter n: ");
    scanf("%d",&n);
    for(_____)
        _____;
    printf("s=%d",s);
    return 0;
}
```

四、程序设计题(共 25 分)

1.(10分)用冒泡法对一组数(假设5个)按由小到大的顺序排序并输出排序后的数,最后输出的参考结果如下所示(格式自行设置)。

请输入一组数: 90 80 60 70 40

排序后的数是：40 60 70 80 90

2.(15 分)设数组中有两个学生的数据记录,每条记录包括 num,name,score[3],avr,用 input()函数输入记录中除 avr 外的其他成员的值,用 average()函数求出每条记录的平均值 avr,用 print()函数输出每个记录,最后输出的参考结果如下所示(格式自行设置)。

```
NO.     name    score1    score2    score3    average
101     Li      70.0      80.0      90.0      80.0
102     Ma      80.0      90.0      100.0     90.0
```

考试模拟题 1 参考答案

一、单项选择题

1.B 2.A 3.A 4.D 5.B 6.B 7.B 8.A 9.C 10.B
11.C 12.C 13.B 14.D 15.D 16.A 17.A 18.D 19.B 20.B

二、填空题

1. 数据类型

2. 非 0

3. x>=a&&x<b

4. (ch>='A'&&ch<='Z')||(ch>='a'&&ch<='z')

5. m=x>y?y:x

6. while(1)

7. typedef int ARR[10];

8. 0

9. 地址

10. .exe

三、阅读程序题

1. 40

2. 1 * #

3. c,a,100,98

4. m!=0   n%m   p/n

5. s[i]!='x'   '\0'

6. i=0;i<3;i++j   <=2-i   \n

7. n<1000n   /10-i*10   n==i*i*i+j*j*j+k*k*k

8. i=1; i<=n;i++   s=s*i

四、程序设计题

1. 编写程序如下。

```
#include<stdio.h>
#define N 5
int main()
```

```c
{ int a[N];
  int i,j,t;
  printf("请输入一组数:");
  for(i=0;i<N;i++)
    scanf("%d",&a[i]);
  for(j=0;j<N;j++)
    for(i=0;i<N-j;i++)
      if(a[i]>a[i+1])
        {t=a[i];a[i]=a[i+1];a[i+1]=t;}
  printf("排序后的数是:");
  for(i=0;i<N;i++)
    printf("%d ",a[i]);
  printf("\n");
  return 0;
}
```

2. 编写程序如下。

```c
#include<stdio.h>
#define N 2
struct student
{ char num[6];
  char name[8];
  float score[3];
  float avr;
}stu[N];

int main()
{ void input(struct student stu[N]);
  void print(struct student stu[N]);
  void average(struct student stu[N]);
  input(stu);
  average(stu);
  print(stu);
  return 0;
}
void input(struct student stu[N])
{ int i,j;
  for(i=0;i<N;i++)
  { printf("input score of student %d:\n",i+1);
    printf("NO.: ");
    scanf("%s",stu[i].num);
    printf("name: ");
    scanf("%s",stu[i].name);
    for(j=0;j<3;j++)
    {printf("score %d:",j+1);
```

```
      scanf("%f",&stu[i].score[j]);
    }
  }
}
void average(struct student stu[N])
{ int i,j;
  float sum;
  for(i=0;i<N;i++)
  { sum=0;
    for(j=0;j<3;j++)
      sum=sum+stu[i].score[j];
    stu[i].avr=sum/3;
  }
}
void print(struct student stu[N])
{ int i,j;
  printf("\n NO.     name    score1   score2   score3   average\n");
  for(i=0;i<N;i++)
  { printf("%5s%10s",stu[i].num,stu[i].name);
    for(j=0;j<3;j++)
      printf("%9.1f",stu[i].score[j]);
    printf("%9.1f",stu[i].avr);
    printf("\n");
  }
  printf("\n");
}
```

第 11 章　考试模拟题 2 及参考答案

考试模拟题 2

一、判断题（正确的打√，错误的打×。每小题 1 分，共 10 分）

1. 形参可以是常量、变量或表达式。（　　）
2. for(；；)语句相当于 while(1) 语句。（　　）
3. 若 a 为一维数组名，则 *(a+i) 与 a[i] 等价。（　　）
4. 定义函数时,形参的类型说明放在函数体内。（　　）
5. "int * p;"定义了一个指针变量 p,其值是整型的。（　　）
6. 函数的定义可以嵌套,但函数的调用不可以嵌套。（　　）
7. 用指针作为函数参数时,采用的是"地址传送"方式。（　　）
8. 在嵌套的 if 语句中,else 应与第一个 if 语句配对。（　　）
9. 只能在循环体内和 switch 语句体内使用 break 语句。（　　）
10. C 语言程序中,主函数可以调用任何非主函数的其他函数。（　　）

二、单项选择题（每题 1 分，共 20 分）

1. 设 a 为 5,执行下列语句后,b 的值不为 2 的是（　　）。
   A. b=a/2　　　　B. b=6−(−−a)　　　　C. b=a%2　　　　D. b=a>3?2:2
2. a 是 int 类型变量,c 是字符变量。下列输入语句中错误的是（　　）。
   A. scanf("%d,%c",&a,&c);　　　　B. scanf("%d%c",a,c);
   C. scanf("%d%c",&a,&c);　　　　D. scanf("d=%d,c=%c",&a,&c);
3. 执行下面程序段后,c3 中的值是（　　）。

int c1=1,c2=2,c3;
c3=c1/c2;

   A. 0　　　　B. 1/2　　　　C. 0.5　　　　D. 1
4. 设有程序段：

int k=10;
while(k=0) k=k-1;

   则下面描述中正确的是（　　）。
   A. while 循环执行 10 次　　　　B. 循环是无限循环
   C. 循环体语句一次也不执行　　　　D. 循环体语句执行一次

5. 若有定义语句"int a[3][6];",按在内存中的存放顺序,a 数组的第 10 个元素是( )。
   A. a[0][4]　　　B. a[1][3]　　　C. a[0][3]　　　D. a[1][4]
6. 若有以下定义和语句：

   int a[10]={1,2,3,4,5,6,7,8,9,10}; *p=a;

   则不能表示 a 数组定义的元素的表达式是( )。
   A. *p　　　　　B. a[10]　　　　C. *a　　　　　D. a[p-a]
7. 以下不能对二维数组 a 进行正确初始化的语句是( )。
   A. int a[2][3]={0};
   B. int a[][3]={{1,2},{0}};
   C. int a[2][3]={{1,2},{3,4},{5,6}};
   D. int a[][3]={1,2,3,4,5,6};
8. 以下程序的输出结果是( )。

```
int main()
{ int a=12,b=12;
  printf("%d %d\n",--a,++b);
  return 0;
}
```

   A. 10 10　　　B. 12 12　　　C. 11 10　　　D. 11 13
9. 有如下程序段：

   int *p,a=10,b=1;
   p=&a; a=*p+b;

   执行该程序段后,a 的值为( )。
   A. 12　　　　　B. 11　　　　　C. 10　　　　　D. 编译出错
10. 在 C 语言的函数中,下列说法正确的是( )。
    A. 必须有形参　　　　　　　　B. 形参必须是变量名
    C. 可以有也可以没有形参　　　D. 数组名不能作形参
11. 下列语句中可将小写字母转换为大写字母的是( )。
    A. if(ch>='a'&ch<='z') ch=ch-32;
    B. if(ch>='a'&&ch<='z')ch=ch-32;
    C. ch=(ch>='a'&ch<='z')?ch-32:ch;
    D. (ch=(ch>='a'&&ch<='z'))?ch-32:ch;
12. 有如下程序：

```
int main()
{ int x=23;
  do
  { printf("%d",x--);
  }while(!x);
  return 0;
}
```

该程序的执行结果是（　　）。
  A. 321　　　　　　　　　　　　B. 23
  C. 不输出任何内容　　　　　　　D. 陷入死循环

13. 下面程序段的运行结果是（　　）。

```
char *s="abcde";
s+=2;
printf("%s",s);
```

  A. cde　　　　　　　　　　　　B. 字符'c'
  C. 字符'c'的地址　　　　　　　D. 无确定的输出结果

14. 以下程序的运行结果是（　　）。

```
int main()
{ int n;
  for(n=1;n<=10;n++)
    { if(n%3==0) continue;
      printf("%d",n);
    }
  return 0;
}
```

  A. 12457810　　B. 369　　C. 12　　D. 1234567890

15. 以下程序的输出结果为（　　）。

```
int main()
{ int a=1,b=2,c=3,d=4,e=5;
  int func(int x,int y);
  printf("%d\n",func((a+b,b+c,c+a),(d+e)));
  return 0;
}
int func(int x,int y)
{ return(x+y); }
```

  A. 15　　B. 13　　C. 9　　D. 函数调用出错

16. 以下程序的执行结果是（　　）。

```
int main()
{ int num=0;
  while(num<=2)
  { num++;
    printf("%d,",num);
  }
  return 0;
}
```

  A. 0,1,2　　B. 1,2,　　C. 1,2,3,　　D. 1,2,3,4,

17. 以下程序执行后 sum 的值是( )。

```
int main()
{ int i,sum;
  for(i=1;i<6;i++) sum+=i;
  printf("%d\n",sum);
  return 0;
}
```

  A. 15   B. 14   C. 不确定   D. 0

18. 若有以下程序：

```
int main()
{ int y=10;
  while(y--);
  printf("y=%d\n",y);
  return 0;
}
```

程序运行后的输出结果是( )。

  A. y=0   B. y=-1
  C. y=1   D. while 构成无限循环

19. 以下程序的运行结果是( )。

```
int main()
{ int m=5;
  if(m++>5) printf("%d\n",m);
  else printf("%d\n",m--);
  return 0;
}
```

  A. 4   B. 5   C. 6   D. 7

20. 若有以下程序：

```
int main()
{ int m[][3]={1,4,7,2,5,8,3,6,9};
  int i,j,k=2;
  for(i=0;i<3;i++)
  { printf("%d",m[k][i]); }
  return 0;
}
```

程序运行后输出结果是( )。

  A. 4 5 6   B. 2 5 8   C. 3 6 9   D. 7 8 9

三、阅读程序题(每题 4 分，共 20 分)

1. 下面程序的运行结果是_____。

```
#include<stdio.h>
```

```
int main()
{ int a=1,b=4,c=2;
  a=(a+b)/c;
  printf("%d\n",--a);
  return 0;
}
```

2. 下面程序的运行结果是_____。

```
#include<stdio.h>
int main()
{ int x=1,a=0,b=0;
  switch(x)
  { case 0: b++;
    case 1: a++;
    case 2: a++;b++;
  }
  printf("a=%d,b=%d\n",a,b);
  return 0;
}
```

3. 下面程序的运行结果是_____。

```
#include<stdio.h>
int main()
{ int i,sum=0;
  int a[3][3]={1,2,3,4,5,6,7,8,9};
  for(i=0;i<3;i++)
  sum=sum+a[i][i];
  printf("sum=%6d\n",sum);
  return 0;
}
```

4. 下面程序的运行结果是_____。

```
#include<stdio.h>
int main()
{ int max_value(int array[][4]);
  int a[3][4]={{1,3,5,7},{2,4,6,8},{15,17,34,12}};
  printf("Max value is %d\n",max_value(a));
  return 0;
}
int max_value(int array[][4])
{ int i,j,max;
  max=array[0][0];
  for(i=0;i<3;i++)
    for(j=0;j<4;j++)
      if(array[i][j]>max)
```

```
        max=array[i][j];
  return (max);
}
```

5. 下面程序的运行结果是_____。

```
#define N 10
#include<stdio.h>
int main()
{ void mn(int arr[],int *pt,int *pt2,int n);
  int array[N]={1,8,10,2,-5,0,7,12,4,-8},*p1,*p2,a,b;
  p1=&a;
  p2=&b;
  mn(array,p1,p2,N);
  printf("m=%d,n=%d",a,b);
  return 0;
}
void mn(int arr[],int *pt1,int *pt2,int n)
{ int i;
  *pt1=*pt2=arr[0];
  for(i=1;i<n;i++)
  { if(arr[i]>*pt1) *pt1=arr[i];
    if(arr[i]<*pt2) *pt2=arr[i];
  }
}
```

四、完善程序题（每空 2 分，共 20 分）

1. 下面程序的功能是：从键盘输入若干学生的成绩，并输出最高和最低成绩，当输入负数时结束。

```
#include<stdio.h>
int main()
{ float x,_____,amin;
  scanf("%f",&x);
  amax=x;
  amin=x;
  while(x>=0)
  { if(x>amax)_____;
    else if(x<amin) amin=x;
    scanf("%f",_____);
  }
  printf("\n 最高分 amax=%f\n 最低分 amin=%f\n",amax,amin);
  return 0;
}
```

2. 下面程序的功能是：将数组 a[7]={1,2,3,4,5,6,7} 中的数按相反顺序存放后输出。

```
#include<stdio.h>
inv(int *b,int n)
{
  int *i=b, *j=b+n-1,t;
  for(;_____;i++,j--)
  {t=*i; *i=*j; *j=t;}
}
int main()
{ int a[]={1,2,3,4,5,6,7},i;
  _____
  for(i=0;i<7;i++)
    printf("%3d",_____);
  return 0;
}
```

3. 下面程序的功能是：输入一组学生的姓名和成绩，然后根据成绩排名次。

```
#include<stdio.h>
#include<string.h>
int main()
{ char name[40][10],str[10];
  int score[40],num,i,j,t;
  printf("输入学生人数：");
  scanf("%d",&num);
  for(i=0;i<num;i++)
  { printf("输入第%d学生的姓名和成绩:",i+1);
    scanf("%s%d",_____,&score[i]);
  }
  for(i=0;i<num;i++)
    for(j=i+1;j<num;j++)
      if(_____>score[i])
      { t=_____;
        score[i]=score[j];
        score[j]=t;
        strcpy(str,name[i]);
        strcpy(name[i],_____);
        strcpy(name[j],str);
      }
  printf("排了名次的成绩如下:\n");
  printf("%8s%12s%8s\n","名次","姓名","成绩");
  for(i=0;i<num;i++)
    printf("%8d%12s%8d\n",i+1,name[i],score[i]);
  return 0;
}
```

五、程序设计题（每题 10 分，共 30 分）

1. 编写程序，计算 $1+3+5+\cdots+(2*n-1)$ 的值。

2. 编写程序,从键盘输入10个整数,将其中最小的数与第一个数交换,然后输出交换后的10个数。

3. 一个班有50名学生,每名学生的数据包括学号、姓名及3门课程的成绩。编写函数,分别用函数实现下列功能:

(1) 从键盘输入每名学生的数据。

(2) 输出平均成绩在85分以上的学生数据。

考试模拟题2参考答案

一、判断题

1. ×   2. √   3. √   4. ×   5. ×   6. ×   7. √   8. ×   9. √
10. √

二、单项选择题

1. C   2. B   3. A   4. C   5. B   6. B   7. C   8. D   9. B   10. C
11. B   12. B   13. A   14. A   15. B   16. C   17. C   18. B   19. C   20. C

三、阅读程序题

1. 1

2. a=2,b=1

3. sum=   15

4. Max value is 34

5. m=12,n=−8

四、完善程序题

1. amax   amax=x   &x

2. i<b+n/2   inv(a,7);   a[i]

3. name[i]   score[j]   score[i]   name[j]

五、程序设计题

1. 编写程序如下。

```
#include<stdio.h>
int main()
{ int i,n,sum=0;
  i=1;
  printf("请输入n的值: ");
  scanf("%d",&n);
  while(i<=2*n-1)
  { sum=sum+i;
    i=i+2;
  }
  printf("sum=%d\n",sum);
  return 0;
}
```

2. 编写程序如下。

```c
#include<stdio.h>
#define N 10
int main()
{
    int i,number[N];
    int min,k=0,temp;
    printf("请输入%d个数:\n",N);
    for(i=0;i<N;i++)
        scanf("%d",&number[i]);         //输入10个数
    min=number[0];
    for(i=1;i<N;i++)
        if(number[i]<min)
        { min=number[i];k=i; }           //查找最小值并记下下标
    temp=number[0];
    number[0]=number[k];
    number[k]=temp;                       //交换
    printf("交换后的%d个数是:\n",N);      //输出
    for(i=0;i<N;i++)
        printf("%d  ",number[i]);
    printf("\n");
    return 0;
}
```

3. 编写程序如下。

```c
#include<stdio.h>
#define N 50
struct student
{ char num[6];
  char name[8];
  float score[3];
} stu[N];
int main()
{
    void input(struct student s[],int n);
    void output(struct student s[],int n);
    input(stu,N);
    output(stu,N);
    return 0;
}
void input(struct student s[],int n)
{ int i,j;
    for(i=0;i<n;i++)
    { printf("请输入第 %d 名学生的信息:\n",i+1);
```

```
        printf("NO.:");
        scanf("%s",s[i].num);
        printf("name:");
        scanf("%s",s[i].name);
        for(j=0;j<3;j++)
        { printf("score %d:",j+1);
          scanf("%f",&s[i].score[j]);
        }
    }
}
void output(struct student s[],int n)
{ int i,j;
  float sum,aver;
  for(i=0;i<n;i++)
  { sum=0;
    for(j=0;j<3;j++)
      sum+=stu[i].score[j];
    aver=sum/3;
    if(aver>=85)
    {
      printf("NO.    name  score1  score2  score3  average\n");
      printf("%-5s %-5s",stu[i].num,stu[i].name);
      printf("%-7.2f %-6.2f %-6.2f %-6.2f\n",stu[i].score[0],stu[i].score[1],stu[i].score[2],aver);
    }
  }
}
```

参 考 文 献

[1] 谭浩强. C程序设计(第五版)学习辅导[M]. 北京：清华大学出版社，2021.
[2] 秦玉平，马靖善，王丽君. C语言程序设计（第4版）学习与实验指导[M]. 北京：清华大学出版社，2020.
[3] 李春葆. 新编C语言习题与解析[M]. 北京：清华大学出版社，2020.
[4] 冯相忠. C语言程序设计学习指导与实验教程[M]. 5版. 北京：清华大学出版社，2020.
[5] 谭浩强，谭亦峰，金莹. C语言程序设计教程学习辅导[M]. 北京：清华大学出版社，2020.
[6] 钱雪忠. 新编C语言程序设计实验与学习辅导[M]. 2版. 北京：清华大学出版社，2021.
[7] 李含光，郑关胜. C语言程序设计教程学习指导[M]. 北京：清华大学出版社，2022.
[8] 王珊珊. C语言程序设计上机实验及学习指导[M]. 2版. 南京：南京大学出版社，2022.
[9] 吉根林，陈波. C语言程序设计实践教程学习辅导[M]. 北京：科学出版社，2021.
[10] 颜晖，张泳. C语言程序设计实验与习题指导[M]. 4版. 北京：高等教育出版社，2022.
[11] Dev-C++的下载与安装[Z/OL].（2014-05-27）[2021-12-07]. http://jingyan.baidu.com/article/e4d08ffdd1e46b0fd2f60d3d.html.
[12] Microsoft Visual Studio快速运用教程[EB/OL].（2019-01-08）[2022-01-21]. https://blog.csdn.net/xucongyoushan/article/details/85994279.
[13] Microsoft Visual Studio 2019介绍之使用入门[EB/OL].（2020-10-21）[2022-01-22]. https://blog.csdn.net/m0_51444969/article/details/109149389.
[14] Visual Studio 2022下载安装与使用超详细教程[EB/OL].（2022-05-01）[2022-05-31]. https://www.jb51.net/article/246111.htm.

图书资源支持

感谢您一直以来对清华版图书的支持和爱护。为了配合本书的使用,本书提供配套的资源,有需求的读者请扫描下方的"书圈"微信公众号二维码,在图书专区下载,也可以拨打电话或发送电子邮件咨询。

如果您在使用本书的过程中遇到了什么问题,或者有相关图书出版计划,也请您发邮件告诉我们,以便我们更好地为您服务。

我们的联系方式:

地　　址:北京市海淀区双清路学研大厦 A 座 714

邮　　编:100084

电　　话:010-83470236　010-83470237

客服邮箱:2301891038@qq.com

QQ:2301891038(请写明您的单位和姓名)

资源下载:关注公众号"书圈"下载配套资源。

资源下载、样书申请

书　圈

图书案例

清华计算机学堂

观看课程直播